光催化苯羟基化制备苯酚

韩薇薇　著

中国石化出版社
·北京·

图书在版编目(CIP)数据

光催化苯羟基化制备苯酚 / 韩薇薇著. -- 北京 :
中国石化出版社, 2024. 12. -- ISBN 978-7-5114-7793
-4

Ⅰ. TQ243. 1

中国国家版本馆 CIP 数据核字第 2025ZL5420 号

中国石化出版社出版发行

地址:北京市东城区安定门外大街 58 号

邮编:100011　电话:(010)57512500

发行部电话:(010)57512575

http://www. sinopec-press. com

E-mail:press@ sinopec. com

宝蕾元仁浩(天津)印刷有限公司印刷

全国各地新华书店经销

*

710 毫米×1000 毫米 16 开本 9 印张 191 千字

2024 年 12 月第 1 版　2024 年 12 月第 1 次印刷

定价: 68.00 元

前　言

苯酚作为工业上最重要的化学品之一，在塑料、医药、炸药以及合成纤维、合成橡胶、染料等工业领域均有广泛应用。工业上使用异丙苯法、甲苯－苯甲酸法、磺化法、氯苯法和环己酮－环己醇法等方法制备苯酚。其中，异丙苯法在苯酚工业生产中占据主导地位，是目前较成熟的工艺，但该法反应步骤多并且有副产物丙酮产生，不符合环境友好型发展战略。从原子经济性和绿色化学的角度出发，苯直接氧化制备苯酚工艺开发意义重大。由于苯环 C—H 键能较高，很难直接活化，因而在苯环中选择性引入羟基是有机反应中极具挑战的合成路线，受到极大关注。

本书简要阐述了苯酚的市场应用前景及工业合成方法、苯直接氧化制备苯酚的各类方法，并详细介绍了光催化氧化苯制备苯酚的各类催化剂体系。作者在编写过程中，立足于科学性，为各位读者提供翔实的数据和科学依据，以达到相互参考和借鉴的目的。

本书共分为 4 章，第 1 章主要介绍了苯酚的市场应用前景及工业合成方法。第 2 章介绍了以 N_2O、H_2O_2和 O_2三种不同氧化剂体系为核心的苯一步氧化合成苯酚的研究进展和趋势，分析了各种合成路线的特点和工业应用前景。此外还介绍了新型的电化学合成法、低温等离子体合成法、生物催化合成法、生物质催化合成法、生物油催化合成法等苯酚合成方法。第 3 章阐述了应用多种光催化剂在紫外光或可见光下催化苯羟基化制备苯酚的方法，重点以均相与非均相催化剂分类介绍光催化剂的研究进展，以及通过多种方法对非均相光催化剂的改性，以提高其光催化活性。第 4 章重点介绍了 Cr – CdS/ZnO 纳米复合材料的制备及光催化苯羟基化制备苯酚的应用研究，通过简单的水热合成方法制备了 CdS/ZnO 复合材料，并通过掺杂过渡金属 Cr 对 CdS/ZnO 复合材料进行改性，以提高光催化活性。借助多种物理化学手段表征了光催化剂 Cr – CdS/ZnO 的结构和内在特性，通过优化氧化剂用量、催化剂用量、控制反应参数、优化溶剂等手段提高了苯酚选择性与产率。

本书的编写得到了西安石油大学优秀学术著作出版基金的资助，感谢国家自然科学基金项目（22005242）、西安市科技计划项目[2019217914GXRC015CG016 – GXYD15.4]、陕西高校青年创新团队的资助。鉴于作者经验和水平有限，书中难免存在疏漏和不妥之处，恳请各位专家和读者批评指正。

目　　录

1 概 述

1.1 苯酚性质及应用前景

苯酚(Phenol)是一种有机化合物，化学式为 C_6H_5OH，是具有特殊气味的无色针状晶体，熔点为 43℃，常温下微溶于水，易溶于有机溶剂；当温度高于 65℃时，与水可任意比例互溶。苯酚具有毒性，其溶液具有强腐蚀性。

苯酚是一种重要的有机化工原料，是丙烯的重要衍生物之一，主要用于生产酚醛树脂、己内酰胺、己二酸、苯胺、烷基酚、水杨酸等；还可以用作溶剂和消毒剂，在合成纤维、合成橡胶、塑料、医药、农药、香料、染料以及涂料等方面具有广泛的应用；在医药工业中，苯酚用于制备阿司匹林、酚酞、氯喹等药物以及用作防腐剂和杀菌消毒剂。

1.2 国内外的苯酚市场现状

1923 年海登化工公司(Heyden Chemical Company)首次使用磺化法成功生产苯酚，实现了苯酚的工业化生产，自此苯酚的工业生产和市场需求呈现出迅猛的发展趋势。2023 年年底，世界苯酚产量约为 1450 万吨/年，预计在未来六年内会以较低的增长率持续增长。全球苯酚生产主要集中在亚太、西欧和北美地区，其中亚太地区的产能占总产能的 44.9%、西欧地区的产能占 25.6%、北美地区的产能占 21.6%。苯酚的市场受地域性的影响非常明显，在北美和欧洲地区，苯酚的需求量呈持续放缓的趋势，但是对于亚洲市场而言苯酚的需求量则继续保持增长的趋势。

我国苯酚的工业生产始于 20 世纪 50 年代，最初主要采用苯磺化法和煤焦油精制法进行生产，但由于其成本高、环境污染严重、规模小与产能低等缺陷，远不能满足国内市场需求。因而，中国石化燕山石化公司于 1970 年建成我国第一套异丙苯法苯酚生产装置，产能约为 1 万吨/年。此后，上海高桥石化、吉林石化、哈尔滨华宇、惠州忠信、中沙天津石化等公司相继引进国外先进的异丙苯法生产技术，建成了数套规模在 10 万吨/年以上的苯酚生产装置。截至 2019 年年底，我国苯酚总产能约为 264.5 万吨，其中苯酚产能前五的厂商及产能分别为：台化苯酚(宁波)有限公司和长春化工(江苏)有限公司，其产能均达到 30 万吨/年；西萨化工(上海)有限公司和上海中石化三井有限公司，其产能为 25 万吨/年；利华益为化学股份有限公司产能为 22 万吨/年。目前，国内苯酚生产厂家已超过了 20 家，其中采用异丙苯法生产的厂家虽仅 6 家，但生产能力却占总生产能力的 96.6%，说明我国未来的苯酚生产工艺仍以异丙苯法为主。

近年来，我国苯酚的生产能力和市场消费增长虽然较快，但与国外先进国家相比，现阶段我国苯酚生产行业仍存在一些问题，主要表现在技术参差不齐、单套装置生产能力小、产品的生产成本比国外产品高，这样不仅在国际市场上缺乏竞争能力，而且在国内市场上的竞争能力也常受到国外低价格产品的影响。另外，我国的苯酚生产几乎全部是单一产品生产模式，产品苯酚主要用于零售，形成的市场很不稳定，极易受到外界的冲击。而许多国外的苯酚生产厂家，如美国和西欧的多数生产厂商会采用苯酚及其下游产品一体化的生产模式，或定点为下游产品生产商提供原料，形成固定的产业链，在抵御市场风险的能力方面比我国厂商高。未来几年我国苯酚需求仍然强劲，为了增强我国苯酚生产厂商在国内外市场上的竞争力，促进我国苯酚行业健康有序发展，提出以下建议。

采用上下游一体化的生产模式。未来几年，国内外不仅苯酚下游产品的需求量增长很快，而且苯酚的生产能力增加也很快，使得苯酚的市场竞争越来越激烈。因此，我国在建设规模化苯酚生产装置的同时，应尽早考虑与上下游生产装置的配套问题，为苯酚找到更好的出路，如配套建设双酚 A 装置生产国内仍然十分畅销的下游产品聚碳酸酯和环氧树脂等，形成苯酚与其下游产品生产一体化，协同参与国际竞争，减少市场风险。同时要扩大单套装置生产能力实现规模化经营，以降低生产成本，提高产品质量，满足双酚 A 等下游产品对苯酚质量的要求，增强我国企业在国内外苯酚市场中的竞争力。

采用新技术扩大单套装置生产能力，实现规模化经营，降低生产成本，提高产品质量，增强市场竞争力。

跟踪世界苯酚生产技术发展的新进展，在烷基化催化剂方面要开发研制出苯烯比更低条件下能保持催化剂高稳定性和高选择性的催化剂，在烷基转移反应方面，开发在较低的苯与二异丙苯进料比条件下能保持高转化率和高选择性的烷基转移催化剂，以及可使三异丙苯转化的催化剂，从而进一步降低副产物的产生。同时，加大甲苯氧化法和苯直接氧化法制苯酚新工艺的研究和开发力度。从原子经济性和绿色化学的角度出发，苯直接氧化合成苯酚工艺技术开发意义重大。

目前，全球苯酚消耗量巨大，主要应用于醛、酮等反应生产双酚 A 和酚醛树脂，这两类产品的消耗占苯酚总消耗的 70% 以上。受全球聚碳酸酯需求的拉动影响，双酚 A 仍将是苯酚最主要的消费领域，并且双酚 A 消费所占比例将会逐年提升。2010 年全球需求苯酚 853. 5 万吨，其中双酚 A 占 43. 6% 、酚醛树脂占 26. 7% 、己内酰胺占 6. 4% 、烷基酚占 3. 5% 、己二酸占 1. 7% 、其他(如 2，6 - 二甲酚等)占 18. 1% 。2021 年全球苯酚需求量为 1739. 9 万吨，其中双酚 A 消费占比 46% 、酚醛树脂消费占比 42% 、壬基酚与烷基酚消费占比 4% 、水杨酸消费占比 3% 、环己酮消费占比 3% 、其他消费占比 2% 。不难看出，全球对于苯酚的需求量是巨大的，并且会稳固增长，如此巨大的消费市场对目前的工业制备苯酚方法提出了新的要求。

1. 3 苯酚工业生产现状

19 世纪 30 年代，德国化学家 Runge 从煤焦油中首次提取出苯酚，随着苯酚在工业上的广泛应用，从煤焦油及其他植物中提取的苯酚已然满足不了苯酚急剧增长的需求量。因此，工业上异丙苯法、磺化法、环己酮 - 环己醇法、氯苯水解法和甲苯 - 苯甲酸法等苯酚制备方法不断涌现。目前，全球近 95% 的苯酚生产是基于异丙苯法进行的，但其难以避免的缺点是生态环境差、形成爆炸性中间体(过氧化氢异丙基苯)、作为副产品的丙酮产量高，导致市场供过于求，使得经济效益降低。因而，多步骤合成法难以实现苯酚的高效生产，开发更高效、更环保的合成工艺是非常有必要的。

1. 3. 1 异丙苯法

该方法因反应过程中有异丙苯生成，因而命名为异丙苯法，属于 Friedel - Craft 反应。第一步，在酸性催化剂(氢氟酸或磷酸)的作用下，苯和丙烯发生反应，在这个过程中，苯与丙烯的摩尔比为 3 : 1，因为苯的过量存在会限制丙烯的聚烷基化副反应；第二步，在少量自由基引发剂（如过氧化苯甲酰）的存在下生成过氧化氢异丙苯；第三步，过氧化氢异丙苯在 40～100℃下与硫酸混合反应得到苯酚和丙酮（图 1－1）；第四步，将所得的混合产物通过蒸馏塔进行分离。通过此方法生成的苯酚和丙酮的产量比值约为 1：0.65，丙酮可以作为联产物出售带来经济效益，降低了苯酚的生产成本。

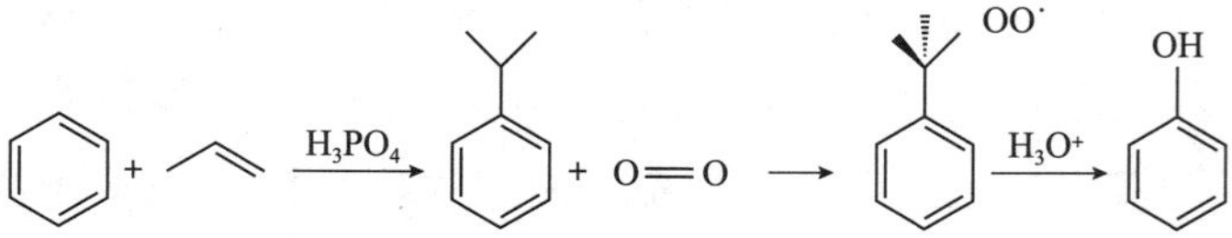

图 1－1　异丙苯法反应过程示意图

传统的异丙苯法反应工艺有 $AlCl_3$ 法和固体磷酸法。$AlCl_3$ 法以美国科学设计公司开发的 SD 法为代表，丙烯与苯在 $AlCl_3$ 作主催化剂、HCl 为助催化剂、反应温度 60～100℃、常压或加压条件下进行烷基化反应，其中，异丙苯产率约为 96%。Monsanto 法是 SD 法的改进，采用 $AlCl_3$ 的配合物作为催化剂，在更有利于异丙苯生成的均相条件下进行反应。以美国环球油品公司开发的 UOP 法为代表的固体磷酸法，以负载固体磷酸的硅藻土为催化剂，采用固定床反应器进行苯和丙烯的烷基化反应，异丙苯产率为 94%～96%。为了保持催化剂催化活性，反应器需要连续注入少量水。异丙苯氧化反应通常在常压、碱性介质和 10～115℃下进行，异丙苯经空气氧化生成过氧化氢异丙基苯（CHP），浓度达到 25%～30% 时进行浓缩，未转化的异丙苯循环使用。在酸催化剂存在下，CHP 分解成苯酚和丙酮，然后进行蒸馏精制得到高纯度产品。

由于固体磷酸法和 $AlCl_3$ 法均存在不同程度的设备腐蚀和污染等问题，因此从 20 世纪 60 年代开始，世界各大公司逐步转向开发无腐蚀、无污染的新型沸石分子筛为催化剂的异丙苯生产新工艺。

目前，国外主要有 UOP、DOW/KBR、Mobil/Badge、EniChem、CD－Tech 等公司的沸石分子筛催化剂应用于工业化生产，其中被广泛使用的沸石催化剂有：UOP 公司的 QZ－2000 沸石催化剂、DOW/KBR 公司的 3－DDM 沸石催化剂、Mobil 公司开发的 MCM－22XK 沸石催化剂。异丙苯氧化分解生产苯酚的工艺较典型的主要有美国 KBR、UOP/Allied、Lummus、德国 Ineos、日本三井油化、法国 Rhone－Poulenc 及意大利 Societa halianaResin 等，除 KBR 公司的苯酚技术工艺之外，其他工艺的生产流程差别不大。

KBR 公司的苯酚技术工艺较典型，其烷基化合成工艺流程如图 1－2 所示，该工艺的烷基化反应采用脱铝丝光沸石催化剂(商品号3－DDM)，在多段催化床层的固定床反应器中进行，反应温度为170℃。反应条件经优化后，丙烷等副产物降至较低水平，二异丙苯经循环回收与苯混合进入第二反应器，进行烷基转移反应生成异丙苯循环使用。

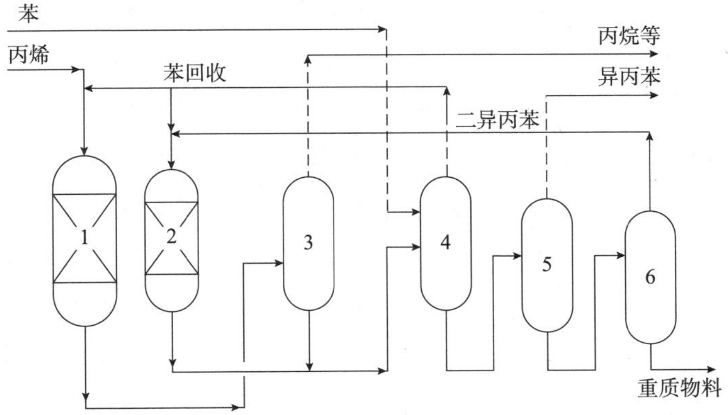

图1－2　KBR公司异丙苯合成工艺流程

1—烷基化反应器；2—烷基转移反应器；3—脱丙烷塔；
4—苯塔；5—异丙苯塔；6—二异丙苯塔

KBR公司异丙苯氧化生产苯酚工艺流程如图1－3所示，该工艺中，异丙苯被空气氧化成CHP的效率高达95%以上，CHP在提浓单元被浓缩后，在酸催化剂存在下分解为苯酚和丙酮。该工艺采用离子交换树脂去除金属阳离子(主要为Na^+)和成盐离子(主要是SO_4^{2-})，减少了精制过程中的副产物，从而使产能增

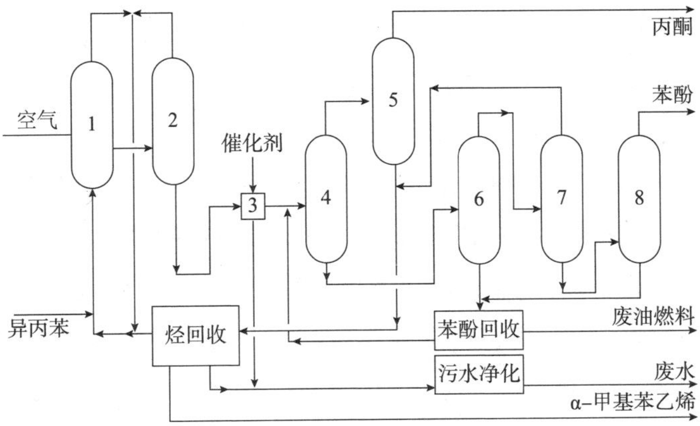

图1－3　KBR公司苯酚工艺异丙苯氧化分解及产品提纯流程

1—氧化反应器；2—提浓单元；3—分解反应器；4—中和槽；
5—丙酮精制；6—离子交换单元；7—粗苯酚塔；8—苯酚精制塔

加5% ~10%。此外，该工艺不仅可以产出高纯度苯酚和丙酮，还可以回收副产物α-甲基苯乙烯(AMS)和苯乙酮(AP)外销，也可将AMS经催化加氢转化为异丙苯，进而达到了回收和循环利用的目的。传统的AMS加氢采用单一贵金属催化剂，KBR采用两种金属催化剂的双床层加氢反应器，不仅减少了贵金属催化剂的用量，也提高了反应器的效率。KBR苯酚生产工艺具有先进的裂化技术、高度整合的回收和除酚系统，使得苯酚产量接近理论产量的极限。因而KBR苯酚工艺具有低能耗、低单耗、低排放、运行成本低和装置安全等特点。

UOP公司Q-Max TM烷基化工艺采用固定床反应器，催化剂分4层装填，苯从反应器入口加入，丙烯分别从4段催化剂床层间进入，反应在多层绝热床中以液相进行，产生的热量通过产物带走，异丙苯产量可达99.7%。UOP在异丙苯氧化分解技术的独到之处在于在氧化单元上采用了典型的低压氧化、双反应器的方法，有利于提高装置的生产能力和降低运行成本；提浓单元采用预闪蒸罐和膜式蒸发器，有效地防止CHP的分解；使用高效活性炭吸附回收异丙苯技术，减少了原料的消耗；使用紧急水喷淋，可缓解防爆膜的急剧氧化；分解单元采用两步分解工艺，第一个反应器为全返混反应器，控制CHP的转化率达到98%左右，剩余的近2% CHP在第二个反应器中分解；AMS加氢单元采用双塔加氢工艺，异丙苯的反应选择性高。UOP的工艺还具有以下优点：异丙苯氧化反应的副产物二甲基苯基甲醇DMPC在裂解反应中具有高选择性而生成具有经济价值的AMS，经加氢后生成异丙苯投入装置循环使用；能生产高纯度的苯酚(杂质 $<$ 0.05%)，以满足聚碳酸酯生产的需要；该工艺是一种节能性、高纯度苯酚提纯工艺。在冷凝塔水冷蒸气的同时回收热能以产生蒸气，而从冷凝塔抽出的少量蒸气被送入酸分离蒸馏塔处理，将部分塔釜组分送回苯酚蒸馏塔，可有效地节约能源，并得到高纯度的苯酚产品。

异丙苯法是工业上制备苯酚应用最广泛的一种方法。其优点在于将较为廉价的原料苯和丙烯转化为更有价值的苯酚与丙酮。使用的其他原料是少量催化剂、少量来自空气的氧气作为产生自由基的化合物。尽管通过异丙苯法生产苯酚的工艺日趋成熟，产物易于分离，苯酚纯度较高，但其也存在着许多不可避免的缺点：①合成路线长、工艺步骤多、苯酚产率比较低，仅有5%；②存在易发生爆炸的中间产物(异丙苯的氧化产物)等安全隐患；③效益受到了丙酮市场需求的制约；④原子利用率较低。

目前，异丙苯法苯酚生产工艺的重点主要集中在开发新型催化剂、完善分解工序和提纯工序，以降低副产物量，提高苯酚纯度，并向降能、无废、少废、不联产丙酮技术的方向发展。

1.3.2 磺化法

磺化法是最早应用于工业生产苯酚的方法，美国孟山都公司于 20 世纪初研发出磺化法生产苯酚。磺化法生产苯酚的工艺较成熟，对设备和生产规模的要求较低，通常适用于小规模生产。磺化法以苯为反应物，通过四步反应生成苯酚。

第一步，苯与浓硫酸反应生成苯磺酸：

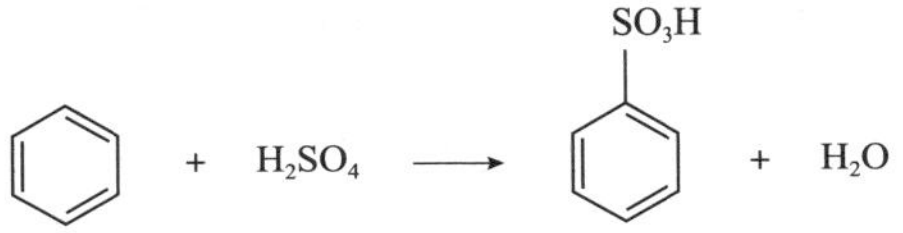

第二步，苯磺酸和亚硫酸钠反应生成苯磺酸钠：

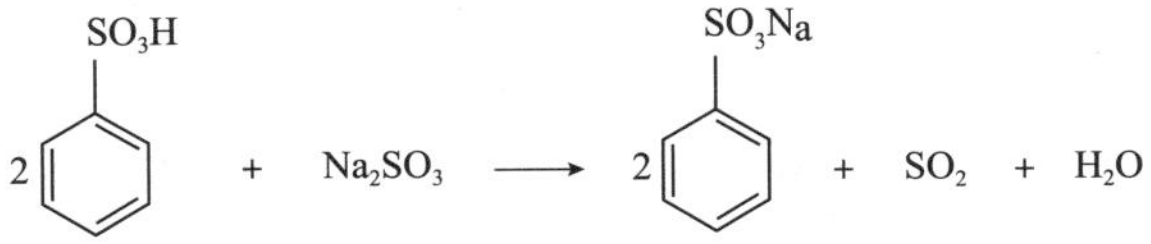

第三步，苯磺酸钠在高温熔融状态下与氢氧化钠反应生成苯酚钠：

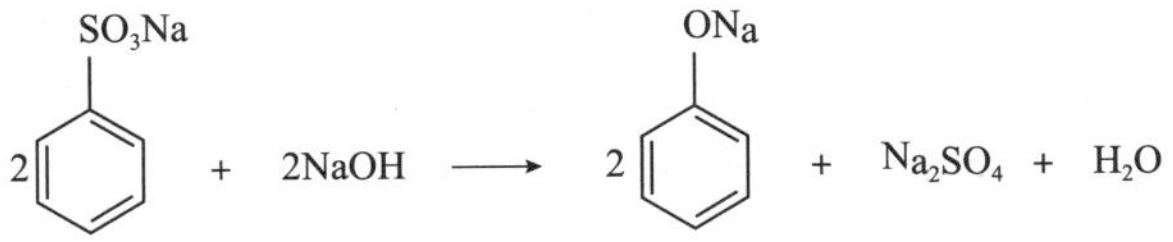

第四步，苯酚钠在酸性环境中分离得到最终产物苯酚：

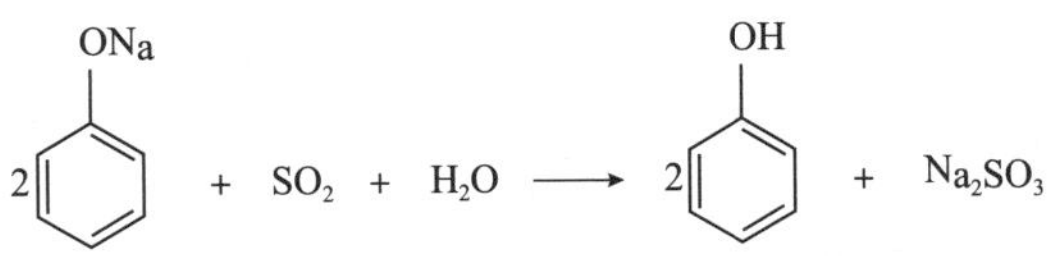

尽管磺化法对设备要求不高，但是实际生产过程中，也会有很多问题难以解决。该方法原子利用率低，仅 36.7%；反应复杂，大量使用 H_2SO_4 和 NaOH，增加了生产成本；反应过程中生成大量 SO_2 和 Na_2SO_3，以及生产过程所用的强酸、强碱会严重腐蚀设备，保养费用过高，需要定期更换部分设备。

1.3.3 甲苯－苯甲酸法

国外早在20世纪60年代就对甲苯氧化法进行了深入研究，并取得了重大进展，实现了工业化生产，但亚洲地区此法至今仍然处于起步阶段。甲苯－苯甲酸法是以甲苯为原料生产苯酚的一种方法，最早由美国道化学公司在1955年开发成功，1962年实现工业化生产。甲苯在0.8～1.0MPa、130～140℃和可溶性钴盐为催化剂作用下进行液相氧化反应得到苯甲酸；熔融的苯甲酸在催化剂可溶性铜盐及某些助剂作用下，直接和空气、水蒸气接触生成苯酚和二氧化碳，该工艺的苯酚产率约为68%（以甲苯计）。反应过程如图1－4所示。

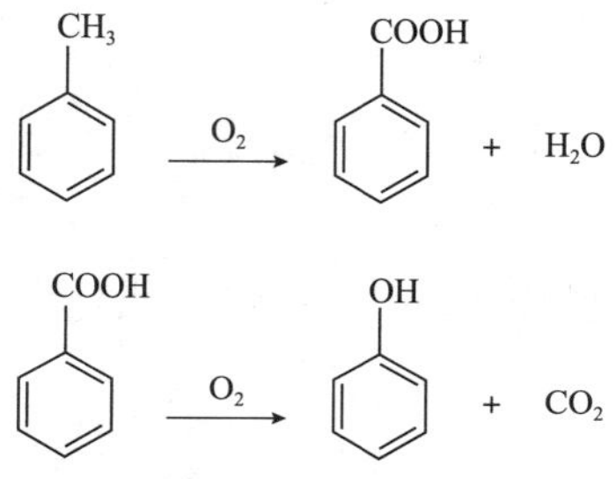

图1－4 甲苯－苯甲酸法反应过程示意图

该工艺具有以下优点：原料甲苯来源广泛；生产工艺流程简单；催化剂原料以及产品均无毒；成本低并且可以根据市场需求调整产品结构，生产苯甲酸、苯甲醇以及苯甲醛等化工产品。该路线的缺点如下：生成的苯酚不能及时离开反应器，容易形成焦油降低了苯酚产率，减少了催化剂的寿命；甲苯的价格高于苯的价格，生产成本高。目前世界上只有少数几家采用该法进行生产，生产能力约占世界苯酚总产能的4%，我国还没有生产厂家采用该法生产苯酚。

1.3.4 氯苯法

氯苯法由美国道化学公司最早于1924年开发成功，如图1－5所示，该法以氯苯为原料，在高温高压催化剂作用下与稀氢氧化钠反应形成苯酚钠，紧接着在酸性条件下进行反应生成目标产物苯酚。

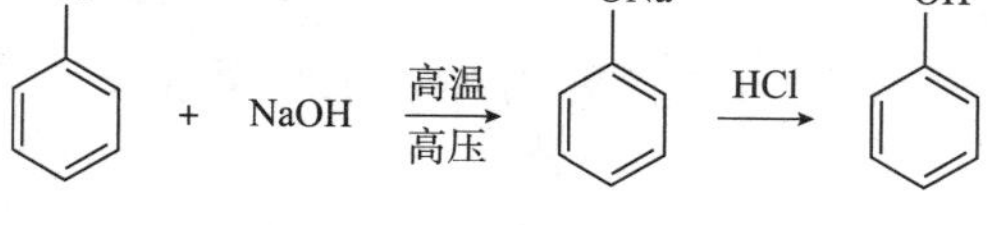

图1－5 氯苯法反应过程示意图

氯苯法制备苯酚，已经报道的催化剂主要有分子筛及负载的过渡金属、稀土金属磷酸盐等。该路线对设备要求很低，开发前景十分广阔。但是此法需要合适的催化剂才能提高目标产物苯酚的产率，而且在高温高压下进行，消耗大量的酸和碱，设备腐蚀十分严重，苯酚产率不高。

1.3.5 环己酮–环己醇法

该方法以苯为原料采用三步法制备苯酚。具体的反应路线如下。

第一步，苯与 H_2 发生加成反应得到环己烷。在生成环己烷的反应中常以镍作催化剂，反应在200℃左右的高温和3.0MPa高压的条件下进行。

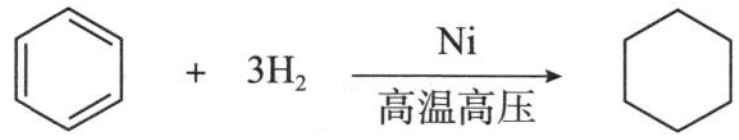

第二步，环己烷和 O_2 发生氧化反应生成环己醇和环己酮的混合体。

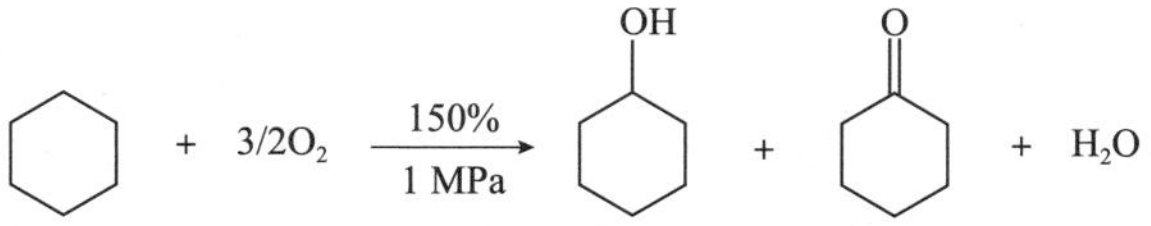

第三步，环己醇和环己酮发生脱氢反应得到苯酚。该脱氢反应常用铂或镍钴作催化剂，反应温度在350℃左右，在常压或减压状况下都可进行，该反应原料转化率可达到80%以上。

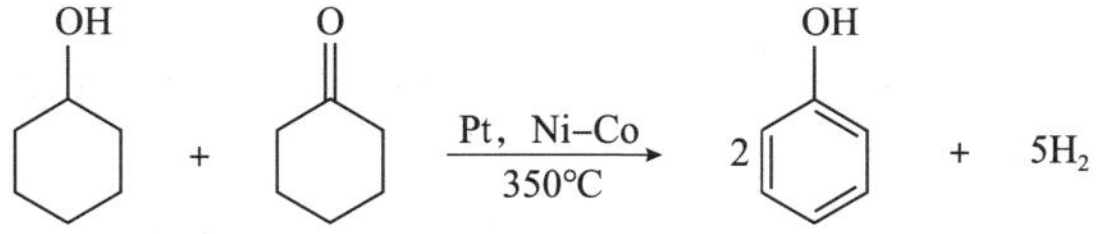

该工艺过程的优势在于整个过程中都不会加入具有腐蚀性的物质(如强酸或强碱等)，对生产设备的腐蚀较小，可以节约一部分成本，原子利用率较高(约87.0%)，副产物没有丙酮产生，在丙酮价格每况愈下的今天，这种合成苯酚的方法具有较好的发展前景。此法的不足在于在第一步加氢反应中环己烷的转化率太低(约5.0%)；第二步环己烷的氧化反应中环己醇和环己酮的总选择性也较低，仅80%左右；众所周知，氢气的储存是一个世界性难题，而且遇火易爆，但该反应路线中使用 H_2，可能随时存在着安全问题。由于都是高温反应，所以能耗高是该工业路线面临着的又一个问题。因此提高加氢反应中原料环己烷转化率及氧化反应中环己醇和环己酮的总选择性，开源节流，节能减排，保护自然环

境是该方法必须解决的问题。

上述方法大多存在能耗高、流程长、污染严重等缺点，不符合绿色化学的观念和绿色工艺的要求。基于传统合成路线的各种缺陷，致力于研究与开发更加清洁与高效的化学生产方式。近年来，从提高反应的原子经济性和绿色性方面着手，将合成苯酚的注意力转移到直接将苯羟基化一步合成苯酚上。苯羟基化一步制备苯酚具有工艺简单、环境污染小等特点，是一种环境友好的合成路线，工业开发和应用前景十分广阔，但筛选与制备高效催化剂是重点与难点。因此，设计开发高效、稳定的新型光催化剂用于催化苯羟基化反应，提高苯酚的选择性及产率，进而建立经济、绿色、高效的氧化苯制备苯酚的方法具有重要的意义。

参考文献

[1]刘汝斌. 化工环保技术在工业生产中的应用与发展前景[J]. 化工管理，2021，14(13)：26－27.

[2]唐皓. 氧气－苯制苯酚的催化剂制备及其催化性能研究[D]. 西安：陕西科技大学，2019.

[3]魏遥遥. 钒基和非金属催化剂催化氧气氧化苯制备苯酚[D]. 西安：陕西科技大学，2021.

[4]孙培. 钛硅分子筛催化苯制苯酚和苯二酚[D]. 徐州：中国矿业大学，2019.

[5]陈福山，杨涛，胡华南. VO@ g－C_3N_4－T 高效可见光催化苯羟基化制苯酚[J]. 精细化工，2018，35(9)：1535－1541.

[6]Bortolotto L，Dittmeyer R. Direct hydroxylation of benzene to Phenol in a novel microstructured membrane reactor with distributed dosing of hydrogen and oxygen[J]. Separation and Purification Technology，2010，73(1)：51－58.

[7]薛冰，陈晔，洪颖. 简便方法合成含铁石墨相氮化碳材料及其催化苯直接羟基化制苯酚(英文)[J]. 催化学报，2018，39(7)：1263－1274.

[8]闫肃，万荫松，李国轲. 苯羟基化合成苯酚的研究进展[J]. 化学世界，2014，55(5)：301－306，320.

[9]Dittmeyer R，Bortolotto L. Modification of the catalytic ProPerties of a Pd membrane catalyst for direct hydroxylation of benzene to Phenol in a double－membrane reactor by sputtering of different catalyst systems[J]. Applied Catalysis A－general，2011，391(1/2)：311－318.

[10]王天昊. Fe－ZSM－5 分子筛合成及其 N_2O 一步氧化苯制苯酚催化性能研究[D]. 北京：北京化工大学，2017.

[11]李晓平. 苯酚的市场状况、技术进展及发展建议[J]. 化工中间体，2006，卷(11)：13－15.

[12]冯素姣．用于苯羟基化、苯乙烯环氧化反应的非均相催化剂研究[D]．上海：复旦大学，2012.

[13]Sato K, Hamakawa S, Natsui M, et al. Palladium – based bifunctional membrane reactor for one – step conversion of benzene to phenol and cyclohexanone[J]. Catalysis Today, 2010, 156(3/4): 276 – 281.

[14]严云，李向婷，曹一丹．苯一步催化氧化法合成苯酚的研究[J]．能源化工，2015，36(6)：64 – 67.

[15]李玉芳．国内外苯酚生产技术进展[J]．中国石油和化工，2004，卷(8)：40 – 42.

[16]李超，高志贵．双蒸馏甑白酒的差压蒸馏节能生产装置及其生产方法[J]．天津化工，2021，35(2)：77 – 78.

[17]雷霆，林民．苯酚制备技术进展[J]．石油化工，2023，52(4)：563 – 570.

[18]Rahman M A, Garcia – Garcia F R, Hatim M D I, et al. Development of a catalytic hollow fibre membrane micro – reactor for high Purity H_2 production[J]. Journal of Membrane Science, 2011, 368(1/2): 116 – 123.

[19]张钊．绿色化工环保技术在工业生产中的应用与发展[J]．环境与发展，2020，32(2)：233 – 234.

[20]郭玉刚．绿色化工环保技术在工业生产中的应用及发展探讨[J]．绿色环保建材，2020，卷(2)：38 – 41.

[21]Garcia – Garcia F. R., Rahman M. A., Kingsbury B. F. K., et al. Asymmetric ceramic hollow fibres: New micro – supports for gas – phase catalytic reactions [J]. Applied Catalysis A – general, 2011, 393(1/2): 71 – 77.

[22]黄燕红．过渡金属修饰介孔分子筛的制备及其在光催化苯羟基化中的应用[D]．淮北：淮北师范大学，2012.

[23]Zhang T, Zhang D, Han X, et al. Preassembly strategy to single Cu – N_3 sites inlaid porous hollow carbonitride spheres for selective oxidation of benzene to phenol[J]. Journal of the American Chemical Society, 2018, 140: 16936 – 16940.

[24]Tsuji T, Zaoputra A. A., Hitomi Y., et al. Specific enhancement of catalytic activity by a dicopper core: selective hydroxylation of benzene to phenol with hydrogen peroxide [J]. Angewandte Chemie – international Edition, 2017, 56(27): 7779 – 7782.

[25]Barbera D, Cavani F, D'Alessandro T, et al. The eontrol of seleetivity in benzene hydroxylation catalyzed by TS – l: The solvent effect and the role of crystallite size[J]. Journal of Catalysis, 2010, 275(1): 158 – 169.

[26]刘彤．微波辅助的苯的直接羟基化反应[D]．徐州：中国矿业大学，2010.

[27]王玉瑛．异丙苯法制备苯酚的催化技术[J]．精细石油化工进展，2004，卷(6)：48 – 52.

[28]杜伟东．苯直接羟基化制苯酚的研究[D]．大连：辽宁师范大学，2011.

[29]罗茜，刘洪．苯酚合成方法的绿色化学分析[J]．西昌学院学报：自然科学版，2006，卷(3)：28－32.

[30]付亚红．介孔分子筛 MCM－41 的改性及其催化苯制备苯酚的研究[D]．乌鲁木齐：新疆大学，2015.

[31]王京玉．磺化法生产苯酚酸化工艺的改进[J]．内蒙古石油化工，2004，30(6)：22－25.

[32]罗茜．苯直接催化氧化羟基化合成苯酚研究[D]．成都：四川大学，2006.

[33]苏为平，叶兴凯，吴越．制备环己酮，环己醇的新技术路线现代化[J]．现代化工，1992，卷(1)：37－44.

[34]张志芳，陈赤阳，项志军．环己烷氧化制备环己酮和环己醇工艺研究进展[J]．北京石油化工学院学报，2004，12(2)：39－43.

[35]贾义霞，高建荣，黄敏．环己烷催化氧化反应及工艺的研究进展[J]．化工时刊，2001，卷(3)：8－13.

[36]Zhang X，Zhang T，Li B，et al. Direct synthesis of phenol by novel [FeFe]－hydrogenase model complexes as catalysts of benzene hydroxylation with H_2O_2[J]. Royal Society of Chemistry Advances，2017，7：2934－2942.

[37]Wang H，Zhao M，Zhao Q，et al. In－Situ Immobilization of $H_5PMo_{10}V_2O_{40}$ on ProtonatedGraphitic Carbon Nitrideunder Hydrothermal Conditions：A Highly Efficient andReusable Catalystfor Hydroxylation of Benzene[J]. Industrial & Engineering Chemistry Research，2017，56(10)：2711－2721.

[38]Yan X，Xue C，Yang B，et al. Novel three－dimensionally ordered macroporous Fe^{3+}－doped TiO_2 photocatalysts for H_2 production and degradation applications[J]. Applied Surface Science，2017，394：248－257.

[39]Liang Y T，Vijayan B K，Gray K A，et al. Minimizing graphene defects enhances titania nanocomposite－based photocatalytic reduction of CO_2 for improved solar fuel production[J]. Nano Letters，2011，11(7)：2865－2870.

[40]Habisreutinger S N，Schmidt－Mende L，Stolarczyk J K. Photocatalytic reduction of CO_2 on TiO_2 and other semiconductors[J]. Angewandte Chemie－international Edition，2013，52(29)：7372－7408.

[41]Qu X，Alvarez P J J，Li Q. Applications of nanotechnology in water and wastewater treatment[J]. Water Research，2013，47(12)：3931－3946.

[42]顾道斌．异丙苯法苯酚生产技术及产品国内外市场分析[J]．化工时刊，2012，26(5)：53－60.

2 苯直接氧化法制备苯酚

苯氧化一步法制备苯酚因其具有绿色环保、原子经济性高等优点，受到国内外广泛关注，已成为苯酚合成工艺的研究热点。苯的化学性质非常稳定，在温和条件下很难发生反应，原因在于苯环是由六个 π 电子组成的共轭体系，而目标产物苯酚的化学性质非常活泼，很容易进一步发生氧化反应而生成其他副产物。其原因在于苯酚中的酚羟基是一个较强的给电子基团，增加了苯环的活性，更容易发生亲电取代反应和缩聚反应。因此，从理论上讲，苯直接氧化合成苯酚存在着巨大的困难，被认为是现代化学界十大难题之一。

2.1 热催化氧化苯制备苯酚

苯一步氧化成苯酚的合成方法中，研究所用的催化剂种类繁多，根据其采用的氧化剂不同，可归纳为一氧化二氮（N_2O）氧化法、双氧水（H_2O_2）氧化法和氧气（O_2）氧化法 3 种途径。

2.1.1 N_2O 氧化法

美国 Solutia 公司和俄罗斯保莱斯考夫（Boreskov）催化剂研究所（BIC）共同研究开发出无联产丙酮的苯直接氧化生产苯酚的新工艺——Alphox 工艺。该工艺以金属改性的沸石分子筛为催化剂，用 N_2O 为氧化剂氧化苯生成苯酚。反应在气相、低压运转的固定床绝热反应器中进行，经过简单的分离和精馏后，可以得到高产率、高纯度的苯酚。BIC 对催化剂进行的反复实验结果表明，含铁的酸性 ZSM-5 和 ZSM-11 沸石催化剂用 500～900℃ 水蒸气处理 2h 之后，可极大地提高苯酚的产率，抑制苯与 N_2O 的燃烧反应，延缓催化剂的失活，催化剂半周期寿命可以达到 3～4 天。另外，苯氧化催化剂可在高温下用空气吹扫失活的催化剂床层进行再生，再生后的催化剂可完全恢复活性，而且在再生 100 次后仍有催化功能。其中含铁的酸性 ZSM－5 或 ZSM－11 沸石催化剂的组成最好含质量分数为0.45% 的 Fe_2O_3，且 SiO_2 与 Al_2O_3 的比率为 100∶1。美国斯坦福研究所对 Alphox 法技术的经济评价数据表明，该法的总固定资金投资比一套同等规模的异丙苯法苯酚生产装置的投资低，其净生产费用具有竞争力，而且不受丙酮市场波动的影响。Alphox 法生产苯酚工艺选择性高，流程简单，产生的废弃物不足原料苯量的 2%，并能有效地将苯酚生产装置与己二酸装置整合起来，这样既可以有效地利用己二酸生产过程中产生的废 N_2O，又能将苯酚用于生产己二酸，或作商品销售，因而对己二酸生产厂商非常具有吸引力。但目前中试研究结果表明催化剂的选择性/连续运转周期较差，以 N_2O 计苯酚选择性较低，因而离实现工业化生产还有一定的距离。

最近，Solutia 和 GTC 技术公司开发出一种据称可最大限度减少副产物丙酮的一步法苯酚生产工艺。该工艺是苯与 N_2O 在沸石催化剂上高选择性的氧化反应，苯酚产率较高，而且不消耗丙烯，也不副产丙酮。苯酚选择性大大提高，可以生产出高纯度的苯酚。苯的固体催化气相反应经 3 个步骤完成，即 N_2O 制备、Alphox 过程、苯酚提纯。

1. N_2O 制备

选择来自己二酸工艺的废气或氨与空气催化氧化制得的 N_2O，己二酸废气中约含 25%～30% 的 N_2O、氮气、氧气、二氧化碳、一氧化碳以及 NO_x。除去 NO_x、CO 和氧气，经预处理的气体可送至反应器。采用氨与空气催化氧化制得的 N_2O，产率约 80%～95%。

2. Alphox 过程

该反应原料是 N_2O、苯和惰性组分（N_2、CO_2 和 H_2O），Alphox 反应是放热反应，其反应工序是串联多个反应器，操作周期采用依次反应/再生或移动床设计，催化剂在反应器和再生器之间输送，一台气体循环塔从未反应的苯和粗苯酚中分出反应器尾气，塔顶所得的氮气循环至反应器，塔底物料送至苯汽提塔以从粗苯酚中回收苯，粗苯酚送至提纯工序。

3. 苯酚提纯

在重组分塔中，来自苯汽提塔的粗苯酚在粗苯酚塔中汽提除去重组分，轻质苯酚物流送至提纯塔以分离轻组分，最终产物送至苯酚精制塔获得树脂级苯酚。与传统生产路线比较，该工艺的优越性在于降低了投资费用，也降低了原料和公用工程费用，提高了苯酚选择性，降低了废物生成量，不副产丙酮，对于生产规模小的装置，该工艺更有竞争力。

1983 年，Iwamoto 研究小组首次使用 N_2O 氧化法成功地将苯合成为苯酚。研究结果表明，在 550℃的高温下，N_2O 作为氧化剂，质量分数为 3% 的 $SiO_2-V_2O_5$ 为催化剂，可使苯转变为苯酚，其产率为 10%。虽然苯酚的产率不高，但 Iwamoto等的研究为一步氧化苯制取苯酚的研究指出了新方向。在此后的研究中，将研究重点放在提高催化剂的催化性能上。1988 年，Suzuki 等发现，在 N_2O 氧化苯制备苯酚的反应体系中，使用 ZSM－5 分子筛作为催化剂，反应温度降为 330℃时，所得苯酚的产率为 8%。虽然产率依然不高，但使得反应温度大幅度降低，并减少副反应的发生。此后，针对 ZSM－5 改性做了大量的研究工作。随后，大量文献报道了相关涉及该沸石为催化剂催化苯合成苯酚机理、催化剂的活性位等方面的基础研究，集中体现在：沸石催化功能重要的本质问题，沸石的酸催化作用还是铁的催化作用；N_2O 具有高选择性氧化功能的原因；整个苯羟基化形成苯酚机理问题。目前，已基本清楚了含铁沸石对苯与 N_2O 氧化制备苯酚反应所表现出的特殊催化性能及其反应机理。例如，Panov 等使用 Fe 对 ZSM－5 改性后，所得到的 Fe－ZSM－5 分子筛作为催化剂，并考察了其对苯氧化制备苯酚反应的催化活性。结果表明，在 Fe－ZSM－5 分子筛的催化作用下，苯酚的产率可达到 25%。该研究小组对反应机理进行了初步探讨，为苯羟基化形成苯酚并非源于酸机理，而活性中心是 ZSM－5 中微量铁(α－Fe)的作用。在 Fe－ZSM－5 中并非所有的 Fe 均是活性中心，只有位于 ZSM－5 内孔道的 Fe(α－Fe)才有活性。在 α－Fe 的作用下，N_2O 分解产生的表面活性氧称为 α－O，这种表面氧对于选择性催化氧化苯合成苯酚呈现出十分有效的作用。经筛选优化研究，用含铁沸石催化剂进行苯直接氧化制备苯酚，取得了有望实现工业生产的良好结果。1996 年由美国孟山都公司和俄罗斯保莱斯考夫催化研究所(BIC)联合开发了 Alphox工艺，完成了中试装置，并进行了商业化生产运作。新技术基本反应在气相、低压运转的固定床绝热反应器中进行，经过简单的分离和精馏后，每千克催化剂每小时可得到 0.4kg 的苯酚，是当时工业上生产苯酚能得到的最好结果。该工艺过程产生的废弃物不足原料苯量的 2%，而异丙苯法产生废弃物占原料苯量的 12%。此技术能有效利用 Monsanto 公司在佛罗里达州 Pensacola 生产己二酸产生的废物 N_2O，在 Pensacola 己二酸装置附近建设苯酚装置，可以有效地利用 N_2O，又能将苯酚用于生产己二酸或作商品销售。该工艺路线比异丙苯法路线过程简单、苯酚产率高、废弃物少，由于其采用了己二酸生产装置中的副产 N_2O，使得生产成本降低。经对 Alphox 工艺流程模拟，按苯转化率为 10%，N_2O 转化率为 90%，苯酚选择性为 96% 计算，N_2O 的来源分别采用两种：已二酸产生的副产 N_2O 和专门合成制备 N_2O，与传统异丙苯法合成苯酚比较，发现已二酸产生的副产 N_2O 作为原料来源生产苯酚的成本(约 467 美元/吨)，略高于使用传统异丙苯法合成苯酚的成本(约 466 美元/吨)；而采用专门制备的 N_2O 为原料来源生产苯酚的成本高达 666 美元/吨，比异丙苯法的成本明显高很多。由此可见，这条苯酚合成路线的致命弱点在于必须依赖有效的氧化剂 N_2O，而气态 N_2O 的生产、储存和使用都很不方便，单独生产价格很高，且现在没有较成熟的原位生产技术，除非其他化工生产过程中副产 N_2O(如已二酸生产装置可作为充足的来源)，否则大规模工业生产很不经济。所以，以 N_2O 为氧化剂氧化苯直接制备苯酚路线的应用前景和推广价值受到了极大的限制。

还有很多研究结果也表明 Fe－ZSM－5 分子筛对于苯氧化制备苯酚是一个较高效的催化剂。当使用含铁硅沸石作为苯羟基化制备苯酚的催化剂时，苯酚的最高产率可达到 11.7%。然而，Fe－ZSM－5 分子筛对苯酚的吸附作用很强，这使得苯酚很难从分子筛表面活性位上及时地脱附下来，从而引起苯酚发生进一步的氧化反应，转变成苯酚的过氧产物。这个反应很容易造成分子筛积炭，导致催化剂失活。因此，如何提高沸石分子筛的稳定性变成了一个重要的研究课题。Koekkoek 等近期研究结果表明：如果 Fe－ZSM－5 分子筛中存在中孔，则可以在很大程度上提高 Fe－ZSM－5 的稳定性。Koekkoek 等采用模版法制备了具有层状孔隙结构的 ZSM－5 沸石分子筛。然后，以该分子筛为母体制备出了新型 Fe－ZSM－5 分子筛，并应用于苯氧化制备苯酚的反应中。研究结果表明，这种具有层状孔隙结构的 Fe－ZSM－5 分子筛的使用寿命明显优于传统的Fe－ZSM－5 分子筛的。认为出现这种结果的原因可能是：Fe－ZSM－5 分子筛具有高度结晶的层状孔隙结构。这种特殊的结构增加了传质效率。高效的传质不仅有利于提高 Fe－ZSM－5 选择性催化氧化苯制备苯酚的能力，而且能够有效地延长 Fe－ZSM－5的使用寿命。

除了含铁分子筛催化剂外，还发现其他的含铁催化剂对于苯氧化制取苯酚反应也有较好的催化活性。Ren 等考察了 $FePO_4$修饰的 SiO_2对氧化苯制备苯酚反应的催化活性。经研究发现，当 $FePO_4$的负载量为 5.0%(质量分数)时，SiO_2－$FePO_4$具有的催化活性最高。在其催化作用下，苯酚产率达到了 5%。Navarro 等对 AlFePO在苯氧化制备苯酚中的应用进行了初步的研究。研究结果表明，当 Fe 质量分数为1.0%，Fe与Al的质量分数之比为0.02时，在450℃下煅烧而成的AlFePO具有最高的催化活性。在其催化作用下，苯酚的产率可达22%。

上述结果均表明，N_2O氧化法在直接催化氧化苯制备苯酚中有一定的应用前景。但由于N_2O有毒，单独生产N_2O的成本较高，储存和运输都不方便，所以，N_2O氧化法很难实现大规模的工业应用。许多研究者不愿意致力于该合成路线的主要原因仍然是N_2O氧化剂的来源问题。采用专门化学合成制备N_2O作为氧化剂原料研究开发苯合成苯酚过程，涉及长远发展的规划、技术成熟与潜力、研究经费与经济成本等一系列问题；而副产N_2O的生产装置和厂家十分有限，导致进展缓慢。不过，只要生产厂家的积极合作与支持，从经济成本问题上解决了该条合成路线的致命弱点，既可使生产厂家的副产或尾气N_2O由废变宝，又可缓解目前苯酚生产的紧张局面。这是目前该条制备路线短期具有开发价值的突破口。

2.1.2 O_2氧化法

O_2氧化法是以纯氧或空气中的氧气作为氧化剂的苯氧化制备苯酚的方法。其优点在于氧气来源充足、价格低廉。因而，该方法成为目前直接氧化苯制备苯酚领域中的研究热点之一。为了开发一种适用于该方法的高效催化剂，进行了大量的研究。分子氧(O_2)氧化法是以纯氧或空气中的氧作为氧化剂进行苯直接氧化合成苯酚，其最突出的优点是氧化剂O_2的来源充足，可就地取用、价格低廉，也无环境污染，是一条最受青睐的环境友好和可持续发展生产路线，其关键是选取活化O_2的高效催化剂。O_2氧化法包括液相氧化法和气相氧化法两种。氧气直接氧化苯制备苯酚的液相法相对于气相法，具有反应温度低、安全性能好等特点，近年来成为氧气氧化苯制备苯酚的研究热点，且发展迅速。

2.1.2.1 液相氧化法

1. 反应机理

液相法氧气氧化苯制备苯酚的反应体系，一般由苯、反应溶剂、催化剂、还原剂和氧气组成。该体系是自由基反应机理，类似于过氧化氢氧化的芬顿反应体系，反应中产生活性氧羟基自由基而发生氧化反应。如图2-1所示，在反应条件下，还原剂首先将催化剂还原，还原后的催化剂再将氧气还原生成过氧化氢，同时还原态的催化剂被氧化为氧化态的催化剂，过氧化氢在催化剂作用下分解得到的羟基自由基进攻苯环形成羟基环己基二烯自由基最终生成苯酚。在反应初期添加微量的过氧化氢，可以明显提高苯酚产率，而在反应体系中加入自由基捕捉剂 2，6 – 二叔丁基对甲酚（BHT，2，6 – Di – tert – butyl – 4 – methylphenol）则反应产率急速下降，表明该反应是由自由基引发的。

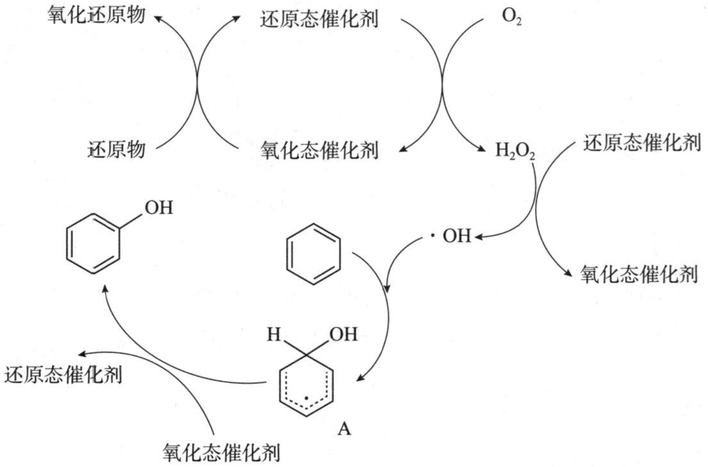

图 2 –1　液相法氧气氧化苯制备苯酚的反应机理

如果在反应体系中加入 TEMPO（2，2，6，6 – 四甲基哌啶 – 1 – 氧自由基）则能够加快羟基环己基二烯自由基上氢的转移过程，从而提高苯酚的生成速度，通过氧化反应的氘代苯同位素示踪实验表明，得到的苯酚产物均为 PhOD，即酚羟基中的氢来自苯环。

在苯氧化反应的机理中，氧气分子的活化和羟基环己基二烯自由基上的氢转移能够影响反应的转化率和反应速率。因此，在设计催化剂时，应优先考虑氧气的活化性能，在此基础上再考虑有助于氢转移的助剂或添加剂。此外，目前以氧气氧化苯液相法制备苯酚的反应中，关于苯的吸附和苯酚的脱附对该反应的转化率和选择性的影响尚无报道。如果设计的催化剂能够增加苯的吸附，则能够增加苯的转化率；如果能够增加苯酚的脱附，使反应生成的苯酚迅速脱附，并抑制苯酚的再吸附，则有利于减少苯酚的进一步氧化而增加苯酚的选择性。催化剂的表面性质也对该反应有一定影响。由于苯与苯酚的极性相差较大，所以催化剂表面以疏水性为主时有利于苯吸附，同时也有利于苯酚的脱附。在该反应体系中，如果能够同时活化较稳定的苯环，则有利于解决目前苯的转化率较低的瓶颈。因此，在设计该反应催化剂及其反应体系时，可以进一步考虑在活化氧的同时活化苯环。除此之外，如果在反应中通过改变溶剂或者添加一定的添加剂，在抑制苯酚再吸附的同时，抑制或减少苯酚的进一步氧化，则有利于提高苯酚的选择性，因此反应溶剂对该反应也有很大的影响。目前，已有许多较为高效的催化剂被开发出来。主要可分为杂多酸系列催化剂及金属改性系列催化剂两个系列。

在有关氧化法的研究中，多金属氧酸盐由于具有结构稳定、催化性能优异等优点而被广泛探究。如 Yamaguchi 等使用 $CsPMo_{10}V_2$ 为催化剂，O_2 为氧化剂，水和乙酸的混合溶液作为反应介质，考察了 $CsPMo_{10}V_2$ 对氧化苯制备苯酚的催化活性。研究结果表明：在 $CsPMo_{10}V_2$ 的催化作用下，苯酚产率达到了 7.2%。Long 等将具有 Keggin 结构的杂多酸 $H_4PMo_{11}VO_4$（$PMoV_1$）和 4，4－联吡啶（Bipyridne）结合在一起制备了一种新型有机－无机杂化催化剂 $Bipy_2PMoV_1$ [$(C_{10}H_8N_2)_2H_4PMo_{11}VO_{40}$]。在此基础上，使用抗坏血酸作为还原剂，在醋酸水溶液中考察了 $Bipy_2PMoV_1$ 对苯氧化制备苯酚反应的催化活性。通过研究发现，在 110℃下，反应 10 小时，苯酚的最高产率达到了 7.8%。在该反应中具有还原性的抗坏血酸对于反应循环的进行起重要的作用。首先，在反应前期，催化剂中的 V^{5+} 在抗坏血酸的还原作用下转变为 V^{4+}；其次，V^{4+} 与 O_2 结合生成活性氧物种；最后，所生成的活性氧物种与苯反应生成苯酚。与此同时，V^{4+} 又被氧化为 V^{5+}。Yang 等构筑了 $[(CH_3)_4N]_4PMo_{11}VO_{40}$/TEMPO/抗坏血酸/氧气催化反应体系，并将其用于苯直接氧化制备苯酚。研究结果表明，该体系中苯酚的最高产率达到 18.9%。此外，该研究小组还提出了一个可能的反应机理：首先，TEMPO 和抗坏血酸作用生成了 TEMPOH 和抗坏血酸自由基；其次，抗坏血酸自由基和氧气反应生成羟基自由基；最后，苯与羟基自由基反应生成了苯酚。同时，TEMPOH 转变为 TEMPO，实现了催化循环。Zhao 等将具有 Keggin 结构的杂多酸阴离子 $HPMo_{10}V_2O_{40}{}^{4-}$（$HPMoV_2$）与贵金属盐 $Pd(OAc)_2$ 结合在一起，制备出一种新型多相催化剂 $[(C_3CNpy)_2Pd(OAc)_2]_2HPMoV_2$。在此基础上，系统地考察了该催化剂在水－乙酸溶液中对氧化苯制取苯酚的催化性能。通过一系列不同条件下的实验，发现反应时间、反应温度、溶剂组成等因素都会影响到催化剂的催化效率。结果表明，当乙酸和水的体积比为 1：2 时，在 120℃下，反应 4 小时，苯酚的产率可达 9.8%。Sakamoto 等直接以杂多酸 $H_7PMo_8V_4O_{40}$ 为催化剂，以空气为氧化剂，CO 为还原剂，在苯转化率为 47.4% 时得到产率 28.1% 的苯酚。发现，分别以 $H_3PMo_{12}O_{40}$ 和 $VO(acac)_2$ 为催化剂时，没有催化活性。因此，推测反应的活性位为催化剂 $H_7PMo_8V_4O_{40}$ 上的钒（V）。Liu 等制备了多种过渡金属取代的杂多酸（Transition Metal Substituted Polyoxometalate，TMSP）$[(C_4H_9)_4N]_m$

$[XW_{11}Y]$（X = P，Si，Ge，B；Y = Ti，V，Cr，Mn，Fe，Co，Ni，Cu，Zn），其中$[(C_4H_9)_4N]_5[PW_{11}CuO_{39}(H_2O)]$的催化效果最好，可以得到选择性 91.8% 和产率 9.2% 的苯酚。Leng 课题组制备了一系列的改性杂多酸催化剂，并将其应用于苯氧化制苯酚反应中。所制备的吡啶改性杂多酸催化剂 $Py_nPMo_{11}V$ 通过引入吡啶分子改性，可以有效延伸 π 电子共轭到无机骨架上，同时减弱金属 – 氧键的强度，有利于提高活性；有利于苯进入到杂多酸的 Keggin 单元中；有利于苯与活性中心的接触，从而提高活性（图 2 – 2）。这两者相互协同作用提高了反应的活性，引入吡啶后苯酚的产率明显提高，从 3.5% 提高至 9.0%。该课题组制备的环糊精修饰的杂多酸催化剂 $PMoV_n$ – β – CyDs（n = 1，2）具有相转移的性能。在反应时有机相中的苯进入环糊精的空穴中，与催化剂活性中心接触反应。反应结束后，产物苯酚通过液 – 液界面进入水相，该催化剂有助于产物苯酚迅速离开催化剂，防止其过度氧化。

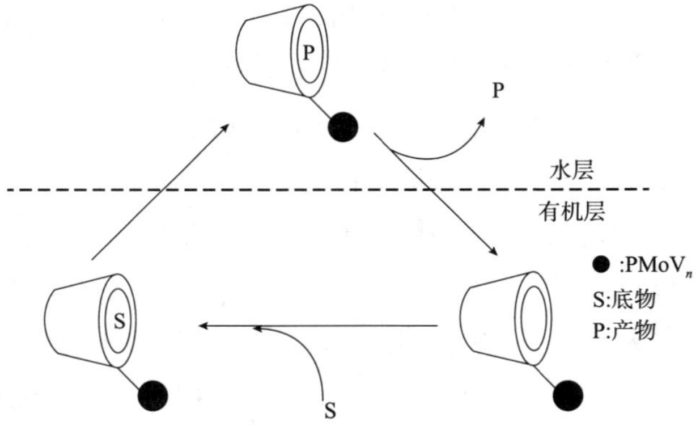

图 2 – 2　环糊精改性杂多酸催化剂 $PMoV_n$ – β – CyDs 的相转移反应机理

Wu 和 Yang 课题组致力于将杂多酸引入 MOF（金属 – 有机框架化合物）的孔中制备的 $PMo_{11}V$@HKUST – 1 催化剂（图 2 – 3）来提高反应活性。将杂多酸$[PMo_{11}VO_{40}]^{4-}$引入 MOF 的孔中，得到的催化剂具有较高的催化活性，反应 20min 就可以得到 7.37% 的苯酚产率，并且该催化剂可以重复使用。

Boz 等采用 Cu/ZnO 复合物作为氧化苯制备苯酚反应的催化剂。研究结果表明，采用 O_2 为氧化剂，Cu/ZnO（质量分数比值为 40/60）为催化剂时，所得苯酚的产率为 3.03%。虽然得到的苯酚产率较低，但 Boz 等研究表明利用金属改性的氧化物作为 O_2 氧化法中的催化剂进行苯氧化制备苯酚是可行的。因此，研究结果一经报道就引起了广泛关注。在此后的研究中，各国研究者对不同金属改性催

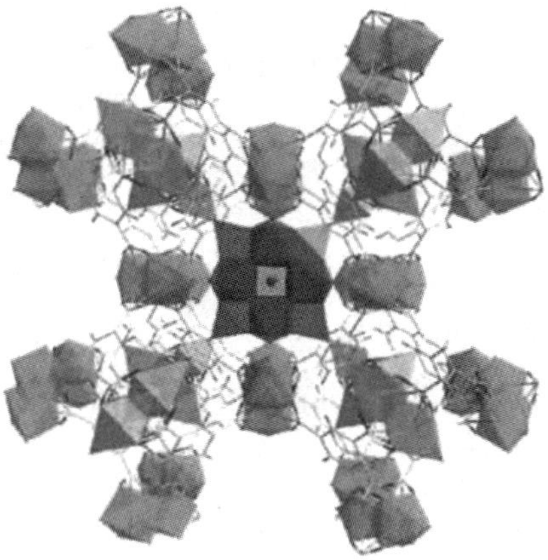

图 2－3　$PMo_{11}V$@HKUST－1 催化剂的分子结构

化剂进行了大量的研究。如 Masumoto 等研究了 V 改性的 Al_2O_3 在苯氧化制取苯酚中的应用。研究结果显示，在 O_2 为氧化剂，抗坏血酸作为还原剂，乙酸水溶液为反应介质，质量分数为 2% 的 V－Al_2O_3 的催化活性最高。在其催化作用下，苯酚的最高产率达到了 12%。此外，还发现还原剂的种类对 V－Al_2O_3 的催化性能有着重要的影响，当采用抗坏血酸为还原剂时，V－Al_2O_3 的催化活性最高。使用苯二酚、邻苯二酚、草酸、亚硫酸钠为还原剂时，V－Al_2O_3 不具备催化活性。Guo 等考察了 V 修饰的 SiO_2 在氧化苯制备苯酚反应中的催化活性。通过研究发现：在 120℃下，使用对苯二酚为还原剂，氧气为氧化剂，质量分数为 5% 的 V 的 SiO_2 为催化剂时，苯酚的最高产率为 14.3%。上述研究结果均表明，金属改性的氧化物是一个较高效的苯氧化制备苯酚催化剂，可以显著地提高苯酚的产率。

近年来，发现金属改性分子筛对苯氧化制备苯酚反应也具有较高的催化活性。如 Yamanaka 等通过离子交换法制备了 Cu－HZSM－5 分子筛，并研究了其在氧化苯制备苯酚中的应用。通过研究发现，当采用 Cu－HZSM－5 分子筛作为苯羟基化制备苯酚的催化剂时，苯酚的最高产率可为 5%。此外，还发现 500℃的高温煅烧处理可使失活的 Cu－HZSM－5 分子筛恢复活性。Kubacka 等采用固态离子交换法将 Cu^+ 引入 ZSM－5 中，制备了新型 Cu－ZSM－5 分子筛，并考察了该分子筛在氧化苯制备苯酚反应中的催化活性。研究结果表明，当 Cu 相对含量与 Al 相对含量比值为 0.5 时，Cu－ZSM－5 具有的催化活性最高。在该催化剂的作用下，苯酚最高产率可达到 10%。Tabler 等研究了 Cu 修饰的 ZSM－5 分子筛催化氧化苯制备苯酚的反应机理，认为这类催化剂的活性组分是亚铜离子。

首先，Cu^{+}和吸附在分子筛表面的氧气发生氧化还原反应生成Cu^{2+}和超氧自由基O^{2-}；其次，一部分Cu^{2+}和C_6H_6反应生成了Cu^{+}和$C_6H_6{}^{+}$，另一部分Cu^{2+}和O_2作用生成了[$Cu^{2+}-O^{2-}-Cu^{2+}$]；再次，[$Cu^{2+}-O^{2-}-Cu^{2+}$]与O_2进一步反应生成[$Cu^{2+}-O_2{}^{-}$]$^{+}$；最后，$C_6H_6{}^{+}$和[$Cu^{2+}-O_2{}^{-}$]$^{+}$作用生成了苯酚。Gu 等研究了 VO_x/MSBA－15(M 为 Cu、Fe、Co、Ni、Cr、Mn、Zn、Ag)分子筛对氧化苯制备苯酚的催化活性。研究结果表明，VO_x/CuSBA－15 分子筛的催化活性最高，在其作用下苯酚产率可达 27%。提出了 VO_x/CuSBA－15 分子筛相较于其他金属改性分子筛的两个明显的优点：第一，VO_x/CuSBA－15 可选择性地活化 O_2；第二，VO_x/CuSBA－15 不仅可以选择性地催化苯羟基化反应，而且还能有效地抑制苯酚被进一步氧化。

除钒系催化剂、铜系催化剂和改性杂多酸催化剂之外，还有其他催化剂也被陆续地报道。Ichihashi 等报道 HZSM－5 分子筛负载的镧氧化物(LaO_x/HZSM－5)催化剂，可以氧化苯制备苯酚，该催化剂在反应中没有发现镧的流失。Laufer 等发现将 Pd 和 Pt 浸渍在 Nafion/SiO_2－SAC13 上，在 150℃下用氢气还原得到 Pd + Pt Nafion/SiO_2－SAC13 催化剂，在 30～40℃下甲醇和水的混合溶剂中，催化苯氧化制备苯酚的反应，可以使苯酚产率达 4.2%。

在以上的催化剂研究中，具有较好发展前景的是杂多酸类催化剂。有机阳离子改性的杂多酸能够有利于反应底物苯与催化剂的接触从而提高反应活性，甚至能够促使产物苯酚的脱附，有利于选择性的提高。将杂多酸引入 MOF 的孔中不仅能够提高反应活性，同时能够增加催化剂的稳定性。这为氧气氧化液相苯制备苯酚的催化剂的设计提供了一条新的思路。

上述研究结果均表明，O_2氧化法在直接催化氧化苯制备苯酚方面有一定的应用前景。但此类反应所需反应温度较高，苯酚产率较低。因而，O_2氧化法很难达到工业化生产的要求。

2. 还原剂

还原剂在反应过程中将催化剂还原，促使氧气活化，使催化剂能够形成循环。一般情况下，氧气氧化液相苯制备苯酚反应，还原剂是必要的条件之一。LaO_x/HZSM－5 催化剂在无抗坏血酸还原剂时，无苯酚生成。V/Al_2O_3催化剂在无还原剂时，转化率非常低，仅有 0.4%；而加入还原剂后，转化率明显提高至 4.3%。对还原剂进行了多种尝试研究。Guo 等尝试了葡萄糖作为还原剂，在 120℃可以获得 9.5% 苯酚的产率，而以抗坏血酸为还原剂，在 90℃可达到

13.7%的产率。Sumimoto 等研究发现锌粉可以作为有效的还原剂，替代抗坏血酸，与氧气和催化剂促使反应中生成 H_2O_2。

在气相苯氧化反应中，H_2、NH_3和 CO 等还原性气体被广泛用作还原剂；在液相苯氧化反应中也有还原性气体作为还原剂的研究报道。Laufer 等以 Pd/Pt/SAC13 为催化剂，以氢气为还原剂，反应气体摩尔比为 $H_2:O_2:N_2=1:1:1$，可以得到苯酚，在反应中加入 NaBr 添加剂，有助于提高苯酚的产率，并指出这是由于 NaBr 中的溴离子能够促进过氧化氢在含钯催化剂上的生成。Sakamoto 等报道 CO 可以作为还原剂，在反应中 CO 将 $H_7PMo_8V_4O_{40}$催化剂还原为 $H_7PMo_8V_4O_{40-x}$，氧气在部分还原的 $H_7PMo_8V_4O_{40-x}$催化剂的钒物种上活化。通过$^{16}O_2$和$^{18}H_2O$进行同位素跟踪反应，表明反应中并没有过氧化氢中间产物($H^{16}O^{18}OH$)的原位生成，而是氧气在部分还原的 $H_7PMo_8V_{40-x}$催化剂中的钒物种上活化，活化的氧直接与苯反应生成苯酚(图 2-4)。

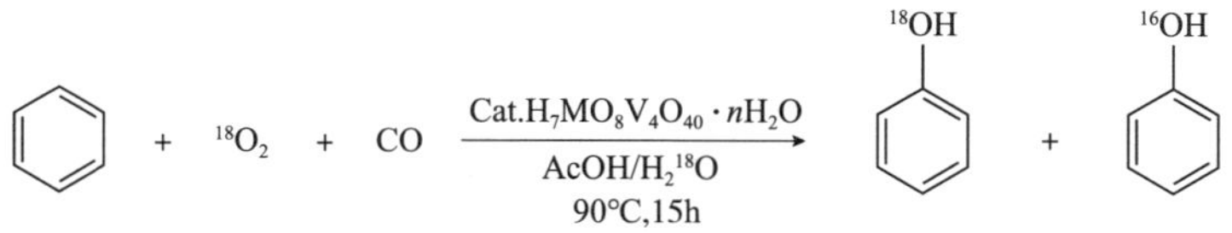

图 2-4 $H_7PMo_8V_4O_{40}$催化剂反应过程示意图

在目前的氧气氧化反应体系中，效果最好的还原剂为抗坏血酸，但是在反应体系中，抗坏血酸的使用量较多，成本也会上升；因此，需要寻找可替代抗坏血酸或者能够不使用还原剂的反应体系。Liu 等以 $Pd(Ac)_2$和杂多酸共同作为催化剂，没有加入还原剂，在反应中实际起到催化作用的是 Pd^{2+}和 Pd^{4+}，杂多酸在反应过程中将乙酸苯基钯(Ⅱ)氧化为三乙酸苯基钯(Ⅳ)，促使 Pd^{2+}和 Pd^{4+}的循环，杂多酸自身被还原，而还原态的杂多酸被氧气氧化，该反应没有专门添加还原剂，属于无还原剂的反应体系。无还原剂的反应体系将是今后研究的热点之一。

2.1.2.2 气相氧化法

气相氧化法过程几乎不涉及溶剂类和辅助物料，引入最少的杂质，是环境友好催化合成路线，有利于将来工业化应用。研究的核心是高效活化 O_2的高性能催化剂的研制。

Hamada 等仅以 O_2为氧化剂，在 Cu-ZSM-5 上氧化气相的苯，苯酚产率达 4.9%，并证明活性中心是呈四角锥配位的 Cu^{2+}物种。通常单独使用 O_2使苯部分氧化生成苯酚的研究体系，因 O_2 的难活化和易发生深度氧化，苯酚的选择性和产率都很低，离实用开发价值较远。目前十分有效的方法是采用加入气体还原剂如 H_2、NH_3、CO 等促使氧活化产生活性物种氧化苯合成苯酚，表现出潜在的研究价值。Liptáková 等采用钙－铜－羟磷灰石为催化剂，在 $O_2-NH_3-H_2O$ 体系研究了苯氧化合成苯酚反应，可使苯转化率达 3%，苯酚选择性超过 97%。Kusakari 等认为，NH_3 充当还原剂和稳定剂是苯氧化反应必不可少的。特别使用 H_2 为还原剂(即在 O_2-H_2 体系)不易产生难分离和污染的副产物，更符合绿色合成，已成为研究关注的热点和首选体系之一，被众多研究者称为 O_2-H_2 原位产生 H_2O_2 氧化苯一步合成苯酚路线，也是解决前述直接以 H_2O_2 为氧化剂路线所遇到 H_2O_2 成本高带来的瓶颈难题的最好途径之一。该体系目前研究最多且最有开发前景。

2.1.3　O_2-H_2 体系合成苯酚

Kitano 和 Sasaki 研究组较早开展了在 O_2-H_2 体系气相直接氧化苯合成苯酚研究。1993 年 Kitano 等首次报道了采用 Pd－$CuSiO_2$ 催化剂气相法苯合成苯酚研究，而苯转化率仅为 0.09%，苯酚选择性大于 90%，苯酚的生成为 $0.05mmol \cdot h^{-1} \cdot (g-cat.)^{-1}$。但在反应过程中发现存在氢大量生成水的现象，造成苯酚产率很低。因而，该反应的主要问题是改善催化剂以抑制水生成。随后研究将催化剂的制备原料由硫酸铜改为磷酸铜，制得 Pd－$CuSiO_2$ 催化剂，用于 O_2-H_2 体系苯气相法合成苯酚，可使苯酚的生成由原来的 $0.05mmol \cdot h^{-1} \cdot (g-cat.)^{-1}$ 增加至 $0.4mmol \cdot h^{-1} \cdot (g-cat.)^{-1}$(苯转化率为 1.1%，苯酚选择性为 90% 以上)，但氢生成水的比例仍很高。多数研究认为，在 O_2-H_2 体系苯氧化合成苯酚研究中，H_2 首先被 Pd 催化转为活性氢再与 O_2 作用产生含氧活性物种，参与苯氧化形成苯酚。因此，许多研究围绕能有效活化 H_2 的催化组分展开。1995 年 Miyake 等在苯氧化制取苯酚研究中发现，钒氧化物改性有利于苯酚的生成，并认为反应机制是 O_2 和 H_2 在金属离子活性中心的催化作用下，先生成 H_2O_2，H_2O_2 再形成羟基自由基，与苯作用得到苯酚。金属离子活性中心可催化生成 H_2O_2，也同样促使 H_2O_2 分解生成水。寻求提高苯酚的生成而抑制水的生成是反应的关键。2002 年 Ehrich 等采用 $PtVO_x$ 和 Pd－VO_xSiO_2 催化剂研究了 O_2-H_2 体系苯气相氧化合成苯酚，苯转化率为 1% 左右，苯酚选择性可达 97%。

不难发现在 O_2-H_2 体系苯氧化合成苯酚研究中反应机制存在相似的特征：

H_2的存在有利于O_2的活化产生活化的氧物种，再与苯反应形成苯酚。催化活性中心可催化产生活化的氧物种与苯作用生成苯酚，但也同样存在促使活性物种转化为水，导致苯酚产率低的缺点。纵观这些研究，仍然存在两大障碍：苯转化率太低(小于2%)，离现实工业应用较远，还没有找到理想的催化剂；O_2和H_2在一起混合进料，实际工业应用存在严重的爆炸危险和安全隐患。因此，必须采用新方法、新技术从根本上解决这些问题。

近年来，新型无机膜催化与分离一体化技术的介入，突破了长期以来O_2-H_2体系苯一步氧化合成苯酚研究中苯转化率低的难题，且可使O_2和H_2分开进料参与反应，彻底解决了O_2和H_2一起混合进料带来的爆炸危险和安全隐患。

2002年日本的Niwa等在Science上首次报道了采用无机Pd膜催化技术在O_2-H_2体系中催化苯一步羟基化合成苯酚，取得了惊人的研究结果：在反应温度为200℃下，可使苯转化率达10%～15%、苯酚选择性达80%以上，深度氧化产物，如苯二酚、苯醌和加氢副产物等，极少，远远超出现有其他气相法研究结果。该研究被称为全球有机化学领域在2002年所取得13个具有闪光点的重大进展之一。将Pd沉积在多孔陶瓷管载体上制成管式Pd膜反应器。O_2和H_2分开进料，既避免了现有O_2和H_2混合进料带来的严重爆炸危险，又很好地实现了H_2的催化活化并有效参与反应。整个反应体系无须外加催化剂就可进行，即H_2从Pd膜一边渗透到另一边时，解离为活性H^*，与O_2作用产生活性氧化物种，再与苯羟基化形成苯酚。钯膜既是有效活化H_2的催化剂，又起到了隔离作用，反应器结构简单、实用可行。推测认为活性H^*与O_2作用产生的活性氧化物种最有可能是H_2O_2、HOO·，具体的反应机理有待于进一步研究。在后续的研究中进一步验证了这一结果，而且研究结果取得了更大的进步，苯转化率已超过20%，苯酚的产率也超过20%；也发现了少许可能由加氢产生的环已烷、环已酮等副产物，同时有大量水生成，其生成速率是苯酚的500～1000倍。这意味着H_2的利用率很低，但研究潜力很大。Niwa等将这一思想应用于苯甲酸甲酯羟基化合成羟基苯甲酸甲酯，发现O_2-H_2体系钯膜催化苯甲酸甲酯羟基化同样具有很好的活性，表明这一新颖膜催化方法具有广阔的应用范围。活性H^*与O_2作用产生的活性物种不是诸如O^-、O^{2-}和O_2^-等，而可能是H_2O_2、HOO·等过氧化物种。该过程可归属于原位生成H_2O_2并同步羟基化合成苯酚的工艺路线。但是也发现大量H_2转化生成水，即H_2的有效利用率还很低，水的生成速率远大于苯酚的形成速率；同时Pd膜的寿命也存在一定问题，特别是易发生脱落现象。日本的Orita、

Niwa 和 Sato 等研究小组相继报道了理论模拟结果和反应过程中钯膜催化剂的变化状态问题。荷兰的 Vulpescu 等也开展了在 O_2-H_2体系 Pd 膜催化苯一步羟基化合成苯酚研究工作。研究结果表明，反应过程经历了原位产生 H_2O_2并一步羟基化合成苯酚路线，并分析比较了该苯酚制备路线与最便宜的经典法H_2O_2氧化苯制备苯酚路线(Hock industrial process)的实际应用可能性。认为这种膜反应器路线不仅技术上切实可行，而且从经济角度考虑也很有竞争和吸引力，具有绿色环保和可持续发展性。关键是设计新的膜反应器以提高 H_2的利用率、抑制水的生成。Vulpescu 等在研究中并未发现严重的 Pd 膜脱落现象，但发现存在热点现象(hot spots)。

由此可见，无机 Pd 膜催化在 O_2-H_2体系下一步羟基化合成苯酚的路线，打破了长期以来在苯直接合成苯酚研究中一直存在转化率低的瓶颈问题，为实现苯直接绿色经济合成苯酚迈出了坚实的一步，具有很好的研究开发前景。但目前的工作还存在着诸多问题需研究解决，其中最重要的 3 个问题是：如何抑制大量水的生成以提高原料 H_2的利用率，进一步提高苯酚产率，这涉及膜反应器的催化活性与选择性问题；如何改进无机 Pd 膜反应器的性能，提高其使用寿命，避免 Pd 膜的脱落和热点现象的发生，这涉及膜反应器的制备与设计问题；搞清反应机理、优化反应过程以提高膜反应器的操作性能，这涉及膜反应器的催化反应机制问题。该种催化路线尽管苯酚产率取得了突破性进展，但因原料 H_2转化为大量水，利用率很低，使得苯酚的产率受到了极大的限制，而且还存在钯膜的脱落等膜反应器制备理论方面的问题。解决这些问题必须从反应过程的本质和关键的膜反应器结构及制膜理论等深层次分析入手。根据初步研究推测，反应经历了 O_2-H_2原位产生 H_2O_2历程。Choudhary 等报道了以 O_2和 H_2为原料用 Pd 膜反应器催化直接合成 H_2O_2，认为 Pd 膜催化反应过程产生的大量水可能主要来自 H_2O_2、HOO·等的分解。原位产生的 H_2O_2、HOO·等物种既可与苯作用生成苯酚，也易快速分解转化为水。Pd 催化 O_2和 H_2产生 H_2O_2、HOO·与苯反应形成苯酚，同时 Pd 也有利于促使 H_2O_2、HOO·等物种的分解产生水。因此，抑制水生成的关键是稳定原位形成的 H_2O_2和 HOO·等物种，并促使其与苯羟基化反应生成苯酚，避免其分解转化为水。而 Pd 膜的脱落和热点现象则与支撑 Pd 膜的多孔载体的表面和孔结构性质有关。从沸石分子筛膜的角度分析，载体的表面缺陷(如不平整、有针孔等)、孔径较大与膜层不匹配易导致膜层的质量下降和膜层脱落等现象。

基于无机膜催化苯一步合成苯酚的高活性与潜在的开发前景，国内在这方面的研究也已展开。例如，Cai 等课题组在质子交换膜反应器中运用电化学的方法探讨了 O_2-H_2体系苯氧化合成苯酚的反应性能。南京工业大学黄彦课题组在国家自然科学基金的支持下开始了苯一步氧化合成苯酚的膜催化剂研制研究。大连理工大学张雄福课题组在国家自然科学基金的支持下开展了钛硅分子筛－钯复合膜催化苯一步氧化合成苯酚研究。这些研究的开展充分显示了膜催化苯一步合成苯酚中的潜力和应用前景。

众所周知，钛硅沸石分子筛是一种条件温和的环境友好型氧化催化剂，其显著功能是对 H_2O_2参与的有机物的选择性氧化有良好作用，当时被认为是 20 世纪 80 年代沸石催化材料领域的里程碑。钛硅分子筛的这种良好的催化作用主要是分子筛骨架中的钛与 H_2O_2配合形成稳定的过渡态，起到了很好的催化活性中心作用，并抑制了 H_2O_2的快速分解。将钛硅分子筛制成膜层与钯膜复合形成复合膜，可兼有钯膜催化活化 H_2原位产生 H_2O_2和钛硅分子筛膜层稳定、催化 H_2O_2与苯生成苯酚的双功能协同作用。Hoelderich 等曾在 O_2-H_2体系采用 Pd 钛硅分子筛催化剂研究烯烃环氧化时，也认为 Pd 催化 O_2和 H_2产生 H_2O_2，钛硅分子筛催化 H_2O_2与烯烃生成烯烃环氧化物，因而 Pd 钛硅分子筛催化剂具有双功能作用。钛硅分子筛膜的催化氧化功能也在其他涉及 H_2O_2为氧化剂的反应中很好地表现出来。另外，在多孔陶瓷载体的表面上先形成一层钛硅分子筛膜层后，可有效地改善载体的表面性能和调控其孔径结构，有利于均匀、致密 Pd 膜的形成，增加载体与 Pd 膜之间的结合力，避免载体表面缺陷和孔径与钯膜层直接沉积不相匹配等缺点，而造成 Pd 膜脱落或热点现象的产生，保证了膜反应器的催化活性稳定性、延长了其使用寿命。构筑的新型钛硅分子筛－钯复合膜反应器不仅强化了膜催化反应的性能，而且可能对反应机制有所调变，将会产生新的催化效果，有望取得重大研究突破。

新型无机膜催化技术的介入，突破了长期以来 O_2-H_2体系苯一步氧化合成苯酚研究中苯转化率低的难题。日本的 Niwa 等首次报道了采用无机钯膜催化技术在 O_2-H_2体系中催化苯一步羟基化合成苯酚并取得了惊人的研究结果。在 200℃的反应温度下获得高达 10%～15% 的苯转化率和 80% 以上的苯酚选择性，远远超出现有的其他研究结果。整个反应体系无须外加催化剂即可进行，因为钯膜既是有效活化 H_2并与 O_2反应产生活性氧物种的催化剂，又起到了隔离作用。而且 H_2和 O_2分开进料参与反应，彻底解决了 H_2和 O_2一起混合进料带来的严重爆炸危险和安全隐患，开辟了一条新颖的绿色合成苯酚工艺路线。可以看出其结构简单、实用可行。

2.1.4 H_2O_2氧化法

H_2O_2氧化法是H_2O_2为氧化剂的苯氧化制备苯酚的方法。因为H_2O_2作为氧化剂时具有许多独特的优势，如反应产物只有水，对环境无污染，是一种环境友好型氧化剂。因此，大多数研究者认为，相比于N_2O氧化法和O_2氧化法，H_2O_2氧化法更有可能替代传统的苯酚生产工艺。近年来，H_2O_2氧化法一直是研究的重点，有关研究主要还是集中在催化剂筛选和改性方面。在已报道的关于H_2O_2氧化法的研究中，使用的催化剂主要为铁系、铜系以及钒系催化剂。

2.1.4.1 铁系催化剂

20世纪初，法国科学家Fenton首次发现H_2O_2和Fe^{2+}组成的混合溶液能将有机物快速氧化，这种由Fe^{2+}和H_2O_2组成的具有强氧化性的试剂就是芬顿(Fenton)试剂，且广泛应用于苯直接羟基化制备苯酚中。芬顿试剂的作用机理为：首先，具有还原性的Fe^{2+}和具有氧化性的H_2O_2反应，生成了Fe^{3+}和具有较高活性的羟基自由基物种；其次，具有亲电性的羟基自由基物种与苯反应生成中间产物；最后，在Fe^{3+}的作用下，中间产物被氧化为苯酚。同时，Fe^{3+}也被还原为Fe^{2+}[93,94]。其反应方程式如下所示。

$$Fe^{2+} + H_2O_2 \longrightarrow Fe^{3+} + \cdot OH + OH^- \tag{2-1}$$

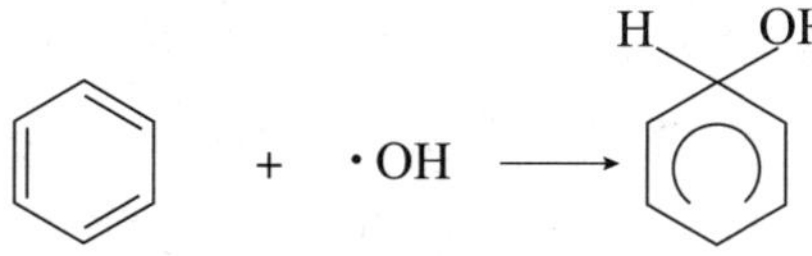

(2－2)

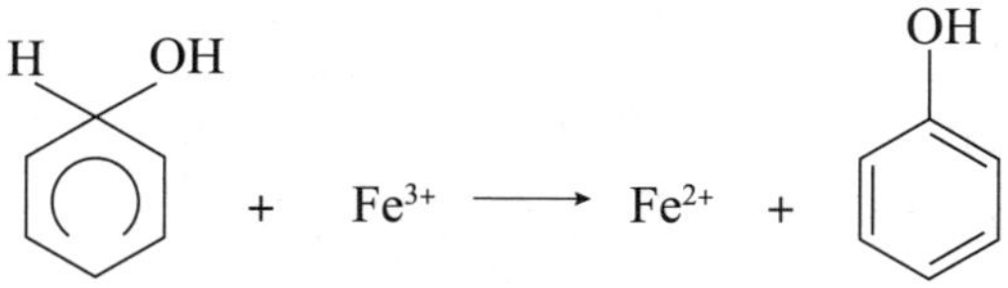

(2－3)

在使用芬顿试剂进行苯氧化制备苯酚时，Fe^{2+}的存在可能导致中间产物被重新还原为苯。同时，羟基自由基的大量存在还可能导致苯酚发生进一步的氧化生成苯二酚、苯醌等副产物，从而引起苯酚产率下降。因此，使用芬顿试剂时的苯酚产率不尽如人意。近年来，研究者发现，将不同形态的铁物种负载在氧化铝、活性炭、氧化镁、二氧化硅上，可使芬顿试剂对氧化苯制备苯酚的催化活性得到显著的提高。由此可见，载体对催化剂的催化性能有较大的影响。因此，许多新型基底被尝试用来负载铁活性组分。Song 等的研究表明，碳纳米管的表面缺陷能够有效抑制苯酚的进一步氧化，利用该缺陷作用可以显著提高苯酚的产率。Arab 等用浸渍 – 热分解法制备 Fe_3O_4改性的多孔碳 CMK – 3，并研究了其在苯羟基化合成苯酚中的应用。结果表明，Fe_3O_4/CMK – 3 对于氧化苯制备苯酚具有较高的催化活性。在其作用下，苯酚的最高产率可达 18%。Fe_3O_4/CMK – 3 对苯羟基化合成苯酚具有较高催化活性的原因主要是：CMK – 3 的表面缺陷可以将 Fe^{3+} 部分还原成 Fe^{2+}，同时，CMK – 3 表面缺陷还可以与过量的羟基自由基反应，从而抑制苯酚的进一步氧化。

TiO_2具有高比表面积和合适的孔径，因此在催化苯制备苯酚反应中表现出较高的活性和选择性。Tanarungsun 等将 Fe^{3+} 负载于 TiO_2上催化苯制备苯酚反应，当 Fe^{3+} 质量分数为 5% 时催化效果最好。此外，在 Fe – TiO_2催化剂中加入第二金属(如 Ni、Co、Pd 和 Pt)可提高苯酚的产率，实验得出第二金属对苯酚产率的影响效果为：Pt > Pd > Co ≈ Ni。催化剂的酸性也会影响催化效果，增加抗坏血酸会促进 H_2O_2分解，有助于羟基自由基生成，但抑制了 Fe^{3+} 的生成，导致苯酚产率下降。

2.1.4.2 铜系催化剂

含铜催化剂对于苯羟基化制苯酚反应具有较高的催化活性，是目前研究的热点。Pan 将 Cu 负载的黏土(A1 – PILCs)用作直接氧化苯合成苯酚的催化剂，在 A1 – PILCs 质量分数为 5% 的 Cu 的催化作用下，苯酚的产率最高可达到 44%。Parida 等考察了 CuO 修饰的 MCM – 41 分子筛对苯羟基化制取苯酚反应的催化活性。研究结果表明，当 CuO 的负载量为 4.0%(质量分数)时，MCM – 41 – CuO 的催化活性最高。苯酚的最高产率可为 21%。Xu 等制备了 Cu 掺杂的 VO_x – TiO_2 介孔材料，并研究了 Cu/VO_x – TiO_2在催化氧化苯制备苯酚反应中的应用。同时，该研究小组还研究 Cu 掺杂量和催化剂锻烧温度对催化剂催化性能的影响，当 Cu 的掺杂量为 0.75%，V 的负载量为 4.3% 时，450℃下煅烧而成 Cu/VO_x – TiO_2 的催化活性最高。苯酚的产率达到了 26%。此外，当第二种金属 Cu 的引入不仅能够使 VO_x – TiO_2的热稳定性得到提高，而且还能促进 V 物种在 TiO_2表面的分散。

Dubey 等制备一系列含 Cu 和不含 Cu 水滑石，并在 H_2O_2作为氧化剂的温和条件下催化苯一步氧化制备苯酚反应，实验结果表明，Cu 是催化剂的活性中心。

其中 CuCoAl - HT 具有最好的催化效果，苯酚选择性接近 100%，从而避免了产物分离的问题。Li 等针对共沉淀法制备类水滑石难于操作、易混入碱金属离子等缺点，采用水热和尿素水解法制备了三元类水滑石 CuMgAl - HT，并用于苯羟基化反应。比较得出，2 价离子和 3 价离子摩尔比为 3 时具有较高的活性，实验得到的苯酚选择性几乎为 100%。

Li 等以 Fe - Cu - Mn - O/海泡石为催化剂，H_2O_2及添加剂为氧化剂，采用气固相催化氧化法催化苯制备苯酚反应，苯转化率达 32.4%，苯酚选择性达 99.1%。Cai 等采用 Fe - Cu - Mn/海泡石催化体系催化苯一步合成苯酚，苯转化率和苯酚选择性分别为 93.45%、36.26%；还制备了 Fe_2O_2 - CuO/海泡石催化体系催化苯液相氧化制备苯酚，该反应在常温常压下操作，与气 - 固相法高温氧化相比具有明显的优点。在优化条件下，苯转化率为 40%，苯酚选择性为 98%。Makgwane 等制备了一种新型的铜铁氧化物 $CuFe_2O_4$，并考察了其对氧化苯制取苯酚的催化活性。研究结果表明，煅烧温度对 $CuFe_2O_4$的催化性能有较大的影响，400℃下煅烧而成的 $CuFe_2O_4$的催化活性最高，苯酚的产率可达 26%。

2.1.4.3 钒系催化剂

目前，已经得到了一些在苯氧化制备苯酚的合成反应中催化性能优异的钒系催化剂。这些钒基催化剂主要包括含钒复合物、负有含钒助催化剂的催化体系、钒磷氧化物、含钒配合物等。之所以具有优异的催化性能可能是因为在催化反应体系中，不同价态的钒物种之间存在着良好的协同作用且易于相互转换。此外，含钒催化剂一般都具有独特的介孔结构。这可能是此类催化剂具有较高催化活性的另一个原因。Song 等研究了 VO_2修饰的多壁碳纳米管(MWCNTs)在苯氧化制备苯酚中的应用。研究结果表明，多壁碳纳米管的表面缺陷可以有效地抑制苯酚的进一步氧化。在其催化作用下，苯酚的产率达到了 23%。Makgwane 等研究了 V_2O_5 助催化剂对 SnO_2催化性能的影响。结果表明，V_2O_5的负载量是影响催化剂性质的重要因素，当 V_2O_5的负载量为 10%(质量分数)时，V_2O_5 - SnO_2的催化活性最高。在 70℃下反应 3 小时后，V_2O_5 - SnO_2上的苯酚产率达到了 32.6%。Zhao 等采用离子交换法制备了具有 Keggin 结构的 V 取代杂多酸[$(C_3CNpy)_4HPMoV_2$]，应用于催化氧化苯制备苯酚的反应中。CH_3CN - CH_3CH_2OH 溶液作为反应介质，双氧水为氧化剂，反应温度为 60℃时，苯酚产率为 31.4%。Yang 等使用[$Mo_2V_2O_9(bpy)_6$] - [$PMo_{11}VO_{40}$]作为催化剂，双氧水作为氧化剂，苯酚的产率可达 25.5%，并且在循环使用 5 次后，催化剂的形貌和催化活性几乎没有发生改变。

Shijina 等采用湿式浸渍法制备 $V_2O_5-Al_2O_3$催化剂，通过表征得出当 V_2O_5质量分数为 13.9% 时，在 Al_2O_3上有很好的分散性，在催化苯直接氧化制备苯酚的反应中，催化活性中心为催化剂表面四面体结构的非晶相 V_2O_5。实验加入 Fe 和 Ce 的氧化物对 $V_2O_5-Al_2O_3$催化剂进行改性，实验结果表明，还原性金属氧化物的添加、氧化剂的增加以及极性溶剂的存在是提高催化剂活性的主要因素。

2.1.4.4 其他杂原子催化剂

负载在分子筛表面上的其他杂原子物种或进入分子筛骨架的杂原子物种也具有相当的活性，进一步扩大了可选的金属杂原子的范围。Parvulescu 等先后制备了骨架含锗的八面沸石催化剂（H－Ge－X）和同晶取代型的 Ni－MCM－41、Co－MCM－41 催化剂，在无溶剂条件下，苯转化率分别为65.7%、10.4%和80.4%，选择性分别为99%、28%和 80%。这些催化剂的转化率随骨架杂原子含量的增加而明显增加，说明其较高的活性来自骨架杂原子物种。Zama 等将三核钼氧合络合物嫁接到中孔硅分子筛 FSM－16 上，制成了一种新型的光敏型催化剂 Mo_x/FSM－16（$x=1$，2，3，4）。反应条件为 300K，苯：过氧化氢＝1：1（物质的量比），波长为 350～390nm 的紫外光照射并剧烈搅拌，苯酚选择性为81%～91%，副产物主要是联苯，检测不到苯二酚、苯醌等用其他催化剂时常见的副产物。反应在无紫外光照射时立即停止，恢复光照后又能够在中断处继续进行。这类光敏型催化剂的意义在于可以通过研究不同种类和价态的微观粒子以及不同的反应中间体对于不同波长的紫外线的能量耦合情况，来研究微观催化机理。

从以上国内外对以 H_2O_2为氧化剂、采用了各种不同催化剂体系和不同的催化反应过程研究苯直接羟基化合成苯酚结果分析看出，这条路线是清洁、环保合成过程，无论是从原料来源和催化剂种类，还是从应用潜力和前景来看，都是很好的合成路线，符合可持续发展战略，吸引了众多研究者的兴趣。虽然在特定的催化体系取得了相应的进展和接近工业规模开发的潜在结果，但是仍然还没有一个确定的可操作催化体系实现中试乃至商业化生产。最大的问题是该合成路线的经济成本问题，没有达到与异丙苯法路线可比拟的地步。究其原因主要是正面临由 H_2O_2的高成本带来的经济问题，正如目前 H_2O_2氧化丙烯环氧化制备环氧丙烷研究所面临的问题一样。由于 H_2O_2极易发生自分解反应，因此，使用双氧水作为苯羟基化制备苯酚的氧化剂时，苯酚产率的高低与如何提高 H_2O_2的利用率密切相关。此外，使用 H_2O_2氧化法时，需要在加热的条件下才能得到较高的苯酚产率，常温下所得到的苯酚产率仍然较低。

2.1.5 阳极氧化法

Fujimoto 等在隔离式电解池内用阳极氧化苯直接制备苯酚，产率可达 67%。反应中以三氟乙酸(TFA)、二氯甲烷、三乙基胺[$(C_2H_5)_3N$]的混合液为工作液，铂片为阳极，碳棒为阴极，阴阳两极溶液区用陶瓷圆筒做隔膜分开，原料苯加入阳极区电解液中，在室温下通以电流密度为 11.3mA/cm^2 的直流电，反应后将阳极的电解液(主要产物为苯酚钠)倒入水中水解即可得到苯酚。该过程对于苯环的单羟基化很有效，目的产物的选择性和产率都较高。反应中由于二氯甲烷对 TFA 的加成作用，导致了 TFA 溶解度的增加；又由于大量的三乙基胺的存在使得 CF_3COO^- 的浓度大大增加，而电解产物三氟乙酰氧基苯由于苯环上的三氟乙酰氧基的强吸电子作用导致了苯环对氧化剂的相对惰性，使得进一步氧化反应的活性大大降低，从而减少了苯酚继续氧化生成苯醌的连串副反应的发生，故苯酚的选择性和产率都得以提高。

上面所提到的各种苯直接羟基化制备苯酚的绿色反应过程各有其优缺点。共同优点在于都选用了绿色氧化剂(阳极也可算作特殊的氧化剂)，使得主要的副产物均是对环境无害的 N_2、H_2O 等，且反应的原子经济性很高，反应条件一般较温和，节省了宝贵的能源，符合今后化学工业清洁生产的要求，但离实现工业应用还有许多工作要做。

N_2O 氧化法达到的产率和选择性明显优于其他氧化剂的，催化剂仍以含铁沸石为核心。该苯酚合成路线的研究与技术水平趋向成熟，与工业应用最近，关键是 N_2O 氧化剂原料的来源问题和与其密切相关的经济成本问题。解决了气态 N_2O 的廉价生产和存储，即解决了该合成路线的经济问题，并拓宽了其推广应用，实际工业应用指日可待。因此，从长远考虑，要实现该合成路线，应同步研究 N_2O 的廉价生产，从根本上解决其瓶颈问题。从短期角度而言，具有己二酸生产装置或副产 N_2O 厂家，及早与相关研究单位结合起来合作开发该项苯酚生产技术，既可合理、增值利用副产的 N_2O，又可实现苯一步合成苯酚新技术，可谓一箭双雕。

O_2 氧化法基于 O_2 的来源充足、可就地取用、价格低廉和无环境污染，是一条最受青睐的环境友好和可持续发展生产路线。尽管液相法苯酚的产率高于气相法的，但液相法过程加入的溶剂、还原剂和辅助成分较多，实际应用涉及问题也多。所以气相法更受青睐。其中以 H_2为还原剂(即 O_2-H_2体系)苯氧化合成苯酚体系更符合绿色合成，与以 H_2和 O_2为原料原位合成 H_2O_2的苯酚合成路线相一致。尽管该合成路线难度大、任务艰巨、离实际工业应用也有一定距离，但十分具有研究意义和开发潜力。新型无机膜催化技术与 O_2氧化法一步合成苯酚路线结合，使在 O_2和 H_2体系中开发苯氧化合成苯酚路线距离实际应用更推进一步。不仅显著提高了苯转化率，而且解决了常规 O_2和 H_2混合体系存在的易爆炸安全隐患，开辟了一种新颖的苯氧化活化方式。

H_2O_2氧化法可使用的催化剂范围广、反应条件温和，达到的产率和选择性也很高；而且过程使用的 H_2O_2和催化剂如钛硅等沸石类分子筛均属于环境友好型，符合社会发展的要求和长远发展思想。只是 H_2O_2的有效利用率亟待进一步提高，因为 H_2O_2的昂贵价格是影响该条苯酚合成路线的实施关键。短期目标是在现有研究基础上改善和提高催化剂的性能和 H_2O_2的有效利用率，寻求廉价合成 H_2O_2的新型催化剂和催化过程，达到可与异丙苯法成本相竞争的工业生产规模装置。长远目标是研究以 H_2和 O_2为原料原位合成 H_2O_2，并与苯氧化合成苯酚。从根本上避免存储运输等过程中的成本，这是解决直接以 H_2O_2为氧化剂合成路线所遇到 H_2O_2成本高带来的瓶颈难题的最理想、长远可持续发展战略途径，具有很好的研究和开发前景。

阳极氧化法为均相反应，无须催化剂、操作过程简单、产物分离容易，如果能够有效地解决目前存在的电解效率低、电能消耗大等缺点，其工业化前景将十分乐观。

2.2 电化学合成法

电化学催化苯制备苯酚的目标是在低温和常压条件下实现高选择性苯制备苯酚。其反应原理是利用电化学电池阳极产生的活性氧物种将苯一步氧化为苯酚。研究者发现，反应中活性氧的种类被认为与交流电的频率有关，并可以通过控制电压和频率控制电极反应。

Tomat 和 Vecchi 等发现在电化学芬顿试剂中可以将苯氧化成苯酚；由于不用提供昂贵的 H_2O_2作为氧化剂，这种羟基化体系比传统的芬顿体系更优越，如下所示。

$$Fe^{3+} + e^- \longrightarrow Fe^{2+} \tag{2-4}$$

$$O_2 + 2H^+ + 2e^- \longrightarrow H_2O_2 \tag{2-5}$$

$$Fe^{2+} + H_2O_2 + 2H^+ \longrightarrow Fe^{3+} + \cdot OH + H_2O \tag{2-6}$$

2012 年 Lee B 等使用 $Sn_{0.9}In_{0.1}P_2O_7$ 的固体酸电解液提高了电化学反应的质子电导率，从而提高苯酚产率；采用金属钒的氧化物作为正极材料催化苯一步羟基化制备苯酚，在 50℃的反应温度下，苯酚的产率为 59%，选择性为 98%。2014 年 Sasaki K 等发现在 CuCl 和电生 Cu^+ 存在的反应体系中，苯可以被氧气氧化成为苯酚，体系中的活性物质被证明是类芬顿反应产生的 ·OH；在酸性电解质中溶液的 pH 值会影响反应产物的选择性，在高 pH 值条件下有利于对苯二酚的生成，而在较低的 pH 值条件下苯酚是主要产物。

电解合成法就指在 H_2-O_2 燃料电池中，通过电解过程一步氧化苯生成苯酚的方法，一般以金属离子(通常为 Cu^+)作为介质。Otsuka 等使用电池电解氧化苯制备了苯酚，反应用 $CuSO_4$ 为电解液，反应温度为 27℃，反应时间 3 小时，苯酚产率为 0.02%，选择性约为 70%。Cai 等使用 H_2-O_2 PEMFC(质子交换膜电池，Proton Exchange Membrane Fuel Cell)反应器，以 Pd 为阴极电催化剂，在电流密度 $100mA/cm^2$，反应温度 80℃ 的条件下，电解氧化苯生成了苯酚，苯酚产率为 0.35%，选择性高达 100%。苯酚的选择性主要受反应介质和整体反应速率的影响。反应介质的 pH 值 <3 时，苯酚的选择性在 90% 以上，是反应的主要产物；当反应介质 pH 值 >3，主要反应产物是对苯二酚。通过在实验过程中调控外线路的稳压器，可以实现对电解反应速率的控制，从而提高产物苯酚的选择性。电解一步氧化苯制备苯酚是一条具有潜力的苯酚绿色合成路线，需要从提高电解效率和降低能耗两方面着手重点研究。

Yamanaka 和 Otsuka 研究了如何利用磷酸燃料电池的阴极所产生的活性氧自由基来氧化苯制备苯酚。使用这个方法时的苯酚产率并不高，约为 5.5%。为克服这一问题，Yamanaka 等对电极进行了改进，采用 V_2O_5 作为阳极，使得产生氧自由基的电极由阴极转为阳极，从而在阳极上实现了苯的氧化。结果表明，通过改进，苯酚的产率达到了 41.7%。

2.3 低温等离子体合成法

等离子体是一种在宇宙中占 99% 以上的物质，至少是在人类已经认识的物质中占有如此重要的比例。可以受电磁场的约束，从而在受控热核聚变上有极其重要的应用。由于人类在未来能源方面的巨大需求，各发达国家政府在受控热核聚变技术研究方面投入了大量的人力、物力和财力。我国对这方面的研究也非常重视，并积极参加热核聚变等离子体研究的国际合作计划(ITER)。大量的投入推动了等离子体物理、等离子体发生技术以及等离子体诊断技术的飞速发展。

所谓低温等离子体主要是为了区别于受控热核聚变产生的高温等离子体，高温等离子体的温度可达到10000eV以上(相当于100000000℃)。如此高的温度的物质在通常条件下无法应用，在工业和科学研究中用的低温等离子体通常其电子温度在几至几十电子伏特之间。根据电子与离子(中性粒子)的热平衡状态，低温等离子体还可以再分为非平衡态等离子体(也称冷等离子体，其表观温度接近或略高于环境温度)与平衡态等离子体(也称热等离子体，其表观温度通常达几千度以上)。低温等离子体具备以下独特的性能。

(1)较高活性的气氛：等离子体中的许多粒子处于激发状态(包括原子、分子碎片、离子、基团、准分子等)，为化学反应提供了活化能。在冷等离子体中，占绝大多数的中性粒子和离子仍处于环境温度，占少数的高能电子提供了这部分能量，为低温下的化学反应提供了可能性。而在热等离子体中可以产生上万度的高温，这也是在常规条件下不能获得的。

(2)各向异性的能量分布：由于等离子体是受电磁场作用的，可以控制其能流方向。等离子体刻蚀，等离子体浸没离子注入等是典型的利用这一特性的例子。

(3)大量的带电粒子和激发态粒子：在等离子体中可以产生大量的电子、离子和激发态粒子，通过电磁场将其分离后可以获得高密度、大流量的电子束或离子束，激发态粒子则被用于激光的输出。

(4)高能流密度：本质上，等离子体是一种高温物质，可以通过电磁场将其约束于局部地区，而不会对器壁产生损坏，因此可以产生非常大的能流密度。

基于传统工业生产苯酚的环境和能源问题，除了开发合适的催化剂之外，最近还证明了苯酚也可以在非热等离子体系统中产生，具有不同的电子、离子和中性物种的温度。这种等离子体是高活性物质的有效来源，可以将施加的电能重新定向为化学能，并促进不受欢迎的化学过程。

Ascenzi等报道了在常压下等离子体在空气中氧化苯生成苯酚，并通过研究产生的离子物种和中性物种实现这一目标。特别是，使用质谱学技术研究了电晕放电离子源中产生的离子，而用气相色谱－质谱仪(GC－MS)检测到了苯和空气在常压介质阻挡放电中形成的中性物质。值得注意的是，在GC光谱中检测到的含O的中性分子反映了APCI实验中观察到的主要离子峰，表明了一条共同的合成路线。关于离子产物，确定了可能产生苯酚阳离子的离子分子反应，并从实验上研究了最相关的反应，在导引离子束串联质谱计上，并从理论上用从头计算进行了研究。研究表明，离子机制在$C_6H_5OH^{+\cdot}$的产生中不起重要作用。用同位素标记的$H_2{}^{18}O$进行的实验表明，苯酚分子中的氧原子不是来自水。在进一步的测试中，通过减少O_2含量或向电晕等离子体中添加BHT(自由基清除剂)，可以观察到苯酚阳离子显著减少，表明放电活化了大气中O_2。研究表明，在等离子体诱导的常压下苯的氧化中，苯酚是通过氧插入在C—H键上经自由基反应而得，此结论证实了之前所提出来的假设，即APCI源中的离子只由快速的离子－分子反应产生。在特定条件下，一些离子物种可能是由自由基反应产生的，这一发现可以用来提高APCI源的选择性。在苯－氧混合物的情况下，自由基发挥的相关作用是高活性O物种的存在和苯酚生产的有效离子途径缺乏的结果。不同的是，在苯－氮混合物的情况下，离子和自由基机理之间的平衡有利于前者，苯重氮离子是$C_6H_5{}^+$与N_2反应的产物。

在常压化学电离源和离子陷阱质谱仪(APCIMS)的电晕放电中，观察到苯的持续流动产生苯酚阳离子$C_6H_5OH^{+\cdot}$(m/z 94)。这种电离源对稳定的离子具有非常高的选择性，通常会达到化学平衡条件，主要导致质子化分子离子的形成。尽管普遍认为APCI是一种软电离技术，但最近的研究表明，可以作为一个真正的化学反应器。当苯、氮和氧的混合物在连接到GC－MS(气相色谱－质谱仪)分析仪的常压介质阻挡放电(DBD)中处理时，也观察到中性苯酚的形成。介质阻挡放电具有较高的电子能量(4～8eV)和较低的气体温度(300～400K)。这些性质的结合使DBDS在促进气相化学和聚合方面变得有效。

2.4 生物催化合成法

苯酚是合成药物、染料和功能聚合物的关键中间体。由于目前苯酚的工业生产采用的异丙苯法，具有能耗高、大量生成副产物如丙酮和甲基苯乙烯和反应步骤较长等缺陷。苯一步氧化法作为一种清洁的替代生产方法引起了人们的极大关注。因此，对使用各种催化剂、电化学氧化体系、光化学体系的苯直接羟基化反应进行了广泛的研究。与许多高温氧化反应不同，自然界中的单加氧酶，如细胞色素 P450，在温和的条件下能有效地催化惰性烷烃和芳香族化合物的氧化。因此，通过定点诱变、随机诱变和化学修饰构建了各种工程酶。将天然酶作为对苯环进行羟基化的生物催化剂，如果能够研制成功，将会成为生产苯酚的理想催化剂。

Zilly 等开发了一种简单而独特的系统来催化气态烷烃的羟基化反应，如丙烷和丁烷，催化剂为野生型 P450BM3。野生型 P450BM3 专门催化长烷基链脂肪酸的羟基化反应，而不会使小烷烃类发生羟基化反应，因为 P450BM3 的活性中心针对脂肪酸的羟基化进行了优化，而 P450BM3 的催化循环第一步只有当脂肪酸与 P450BM3 的底物结合位点结合时才开始，同时伴随着去除与血红素铁配位的水分子。在全氟化羧酸(PFC)作为惰性假底物(诱饵分子)存在的情况下，气态烷烃可以被野生型 P450BM3 羟基化。诱骗分子以与长烷基链脂肪酸相同的方式启动分子氧的激活，并诱导生成化合物。因为全氟碳化合物的 C—F 键是不可氧化的，所生成的化合物只对气态烷烃进行羟基化。此外，短链 PFC 部分占据了 P450BM3 的底物结合位置，为小分子烷烃提供了空间，从而导致小分子烷烃得到充分的羟基化反应。这一具有吸引力的优势促使大家进行苯羟基化反应，选择性地生产苯酚。

Shoji 等报道了在诱骗分子的辅助下，野生型细胞色素 P450BM3 催化苯羟基化合成苯酚。通过简单地添加全氟碳化合物作为诱饵分子，证明了野生型 P450BM3 催化苯选择性羟基化制备苯酚。虽然没有找到任何可替换氨基酸残基，但催化转化率和偶联效率高于定向进化制备的工程突变体 P450BM3。这里报道的苯羟基化反应是如何利用 P450BM3 圈套分子系统开发生物催化剂作为重复诱变的替代方案的一个例子。通过优化诱饵分子的结构，增加其与 P450BM3 的结合常数，可以进一步提高苯羟化反应的催化转化率和偶联效率。此外，通过改变诱骗分子的结构控制苯羟化反应的区域选择性是可能的。

2.5 生物质催化合成法

生物质具有取代化石燃料生产运输燃料的潜力。这种可再生资源可以减轻使用化石燃料的负面影响，包括大气中二氧化碳等温室气体的增加。生物质原料的热解可以产生高产量的生物油(高达 75wt%)；然而，这些油的含氧量高(质量分数为35% ~45%)，这导致了一些不受欢迎的特性，包括酸性、不稳定、低热值和与碳氢化合物不混溶。生物油的质量可以通过催化快速热解(CFP)改善，以便在冷凝之前去除氧气。在非原位CFP过程中，热解产生的初级水蒸气在高温下通过催化剂以水、CO和CO_2的形式从热解产物中排出氧气。HZSM-5作为CFP过程的催化剂被广泛研究，这主要是因为几乎它能够使其完全脱氧热解生成烯烃和芳香烃。然而，由于碳氢化合物产率低，使用HZSM-5的CFP的商业化受到阻碍，因为氢气的形成和催化剂的过度结焦会损失大量的碳。催化剂结焦还会导致结垢和快速失活，这意味着催化剂将需要频繁的再生或补充。为了最大限度地减少焦炭生成，从而提高烃类产量，重要的是找到优化HZSM-5的CFP工艺的方法和条件，其中一个选择是引入蒸汽。蒸汽通常用于炼油厂的催化裂化装置，用于从废催化剂上汽提碳氢化合物(蒸汽汽提)，并用于降低进料点的碳氢化合物分压，以提高进料汽化率(进料分散蒸汽)和降低结焦速度。

Mukarakate等在HZSM-5上进行生物质快速热解蒸气(非原位CFP)的催化升级过程中，水与芳烃中间体反应生成苯酚，然后从催化剂微孔中解吸并生成产物。通过实时测量纯CFP和添加蒸汽的产物观察这一反应。当以^{18}O标记的水作为水蒸气来源，并且在苯酚产品中识别标记的氧时，该反应得到证实。新鲜的HZSM-5将生物质热解蒸气提升为芳香烃，当有蒸汽存在时，观察到一些氧化的芳香族化合物(苯酚和烷基酚、萘酚和烷基萘酚)。在水蒸气汽提实验中也观察到类似的产物形态。在没有水蒸气的情况下进行的研究中也观察到了少量的含氧芳烃。这是由于生物质和/或脱水反应产生的水造成的。水蒸气通过抑制多环芳烃的生成，提高了单环芳烃、烯烃、苯酚和烷基酚的产率。反过来又通过使更多的酸中心可用于化学反应来延长催化剂的寿命。然而，已有研究表明，水蒸气会导致催化剂脱铝，特别是在高温下，这会导致催化剂在多次循环后失去活性。已证明在HZSM-5中添加磷可以防止脱铝。水蒸气通过与芳烃反应减少了沉积在催化剂上的焦炭。

2.6 生物油催化合成法

分离工艺对炼油厂至关重要，因为它们是有效的加氢处理和消除高黏性残渣的手段。传统快速热解工艺生产的生物油不利于除简单的萃取工艺之外的许多分离工艺。由于生物油中的化合物种类繁多，燃料用萃取物主要根据萃取剂(二氯甲烷、乙酸乙酯等)中的溶解度进行分类，通常需要多个步骤。大量工作集中于从生物油和生物油中提取酚类化合物，用于各种非燃料应用。由于传统的生物油几乎由许多不同的含氧化合物组成，因此纯烃的分离是徒劳的，因为产率极低。

Elkasabi 等概述了一种从生物油馏分油中分离碳氢化合物的程序，该程序源于 TGRP 过程，产量很高。该程序很好地适用于不同的原料，原料的差异主要影响碳氢化合物的类型和分离的碳氢化合物/酚类(主要是苯酚)的比率。瓜尔豆基碳氢化合物中含有烷烃类化合物，使氢化前后的总 H/C 比增加。氢化烃的组成接近汽油烃的组成。由于几乎没有氧气，提取的碳氢化合物(加氢之前和/或之后)可以按原样进入炼油厂，因此不需要进一步的脱氧。只使用镍加氢可以带来几个环境和成本效益，例如不会产生 CO/CO_2，通过不结焦延长寿命，以及由于其天然丰富而成本较低。

可替代热解燃料的一个重要进展是用于生产生物油的尾气反应热解(TGRP)工艺。TGRP 是一种 USDA - ARS 工艺，依赖于在非惰性气氛下、严格控制的反应条件下进行沸腾床热解，其中部分包括从尾流中回收的气体。在优化的条件下，TGRP 无须外加催化剂即可得到氧含量等于或低于催化快速裂解(通过生产芳香烃)的生物油。消除了酸和呋喃等高活性化合物，导致生物油具有更高的热稳定性和高浓度的有价值的化合物。因此，热稳定性是 TGRP 生物油的一种性质，可用于通过分馏基于挥发性进行有效分离。由于 TGRP 工艺的还原和脱氧性质，很容易获得更高浓度的脱氧烃。除此之外，TGRP 生物油中的含氧化合物几乎完全是苯酚。若酮、糠醛、乙酸、乙醇和左旋葡聚糖存在，仅以微量存在。虽然确实存在高浓度的酚类物质，但几乎检测不到像丁香酚和愈创木酚这样的甲氧基酚，因为 TGRP 过程以类似于催化热解的方式能够有效地去除甲氧基。因此，与传统生物油相比，TGRP 生物油的产品分布非常窄。这一狭窄的产品分布代表了生物炼油厂可以而且应该利用的第二个特征，以进行有效的分离。

苯直接羟基化合成苯酚是一条绿色、原子经济性高的合成路线。以 N_2O、H_2O_2、O_2为氧化剂，不同催化剂催化苯合成苯酚，反应的原子经济性很高，符合清洁生产的要求，主要副产物均是对环境无害的。所以该反应吸引了学术界与工业界的广泛关注。苯直接羟基化合成苯酚反应中，以 N_2O 为氧化剂，存在的问题是 N_2O 的来源和催化剂的稳定性。以 H_2O_2为氧化剂，其关键在于如何设计并制备出提高 H_2O_2利用率的催化剂。以 O_2作氧化剂来源充足、容易获得、价格低、无环境污染等优点，是一条最受喜爱的环境友好和可持续发展的绿色合成路线，但苯酚产率太低，随着新颖催化剂不断研究突破，苯直接羟基化合成苯酚的工艺具有绿色工业化、广阔的发展与应用前景。

有机化合物含氧官能团烃具有重要化工用途，是多种化工产业的中间体。将烃变为含氧官能团化合物最常用的途径是选择催化氧化，选择催化氧化在整个有机产品生产体系中占比并不高。要使越来越多产品通过选择氧化合成，极具挑战性并且是具有巨大经济价值的技术难题。苯酚是一种重要的烃类氧化产品，在工业上具有非常广泛的应用。全球90%以上苯酚通过异丙苯法合成，该工艺能耗高、反应步骤复杂、中间产物易爆炸，对环境有污染同时还产生等物质的量副产物丙酮，不符合环境友好型、可持续发展战略，需要改进生产工艺或者开发新的合成路线。O_2直接氧化制备苯酚的突出优点是O_2的价格低廉，但产率太低，距离工业化应用的要求还有很大的距离。利用H_2O_2作氧化剂则可使所用催化剂的范围十分广泛，产率和选择性很高。随着新型催化剂和廉价合成H_2O_2工艺的开发，原位合成技术的发展，该工艺具有很好的工业化应用前景。以N_2O作氧化剂的气相反应合成苯酚，反应温度较高，成本不菲，但苯酚的产率和选择性明显优于其他两种类型的，如果N_2O能在脂肪酸生产中作为副产物廉价获得，则该工艺在价格上具有一定的优势，将极具开发价值。以分子氧为氧化剂进行苯羟基化合成苯酚最具科学意义和研发价值，该路线分子氧来源广泛，可降低生产成本，产物中没有污染物排出。国内外工作者正在积极开发高效催化剂，用来活化分子氧使苯选择氧化制取苯酚。到目前为止，虽然该路线还难以实现工业化生产，但已经对苯环上C—H键的活化规律进行了深入研究，为之后的工作打下了坚实基础。迄今为止，我国还没有自主产权的生产设备和技术，我国科技工作者应抓住这个重要的机遇，迎接严峻的挑战，研发出更多具有自主知识产权的催化氧化新技术，增强国内企业的国际竞争力。

参考文献

[1] Tsuji T, Zaoputra A A, Hitomi Y, et al. Specific enhancement of catalytic activity by a dicopper core: selective hydroxylation of benzene to phenol with hydrogen peroxide[J]. Angewandte Chemie International Edition, 2017, 56(27): 7779 - 7782.

[2] Al - Sabagh A M, Yehia F Z, Eshaq G, et al. Eclectic hydroxylation of benzene to phenol using ferrites of Fe and Zn as durable and magnetically retrievable catalysts[J]. Acs Sustainable Chemistry & Engineering, 2017, 5(6): 4811 - 4819.

[3] Zhang T, Zhang D, Han X, et al. Preassembly strategy to single Cu – N_3 sites inlaid porous hollow carbonitride spheres for selective oxidation of benzene to phenol[J]. Journal of the American Chemical Society, 2018, 140: 16936 – 16940.

[4] Yu J, Wang S, Low J, et al. Enhanced photocatalytic performance of direct Z – scheme g – C_3N_4 – TiO_2 photocatalysts for the decomposition of formaldehyde in air[J]. Physical Chemistry Chemical Physics, 2013, 15(39): 16883 – 16890.

[5] 李玉芳. 苯酚生产技术进展[J]. 化工文摘, 2004(13): 13.

[6] Anno. Solutia 和 GTC 技术公司开发不消耗丙烯的苯酚工艺[J]. Hydrocarbon Processing, 2005, 84(7): 30.

[7] Kachurovskaya N A, Zhidomirov G M, Van Santen R A. Computational study of benzene – to – phenol oxidation catalyzed by N_2O on iron – exchanged ferrierite[J]. Journal of Physical Chemistry B, 2004, 108(19): 5944 – 5950.

[8] Iwamoto M, Hirata J, Matsukami K, et al. Catalytic oxidation by oxide radical ions. [J]. Journal of Chemical Physics, 1983, 87(6): 903 – 905.

[9] Suzuki E, Nakashiro K, Ono Y. Hydroxylation of benzene with dinitrogen monoxide over H – ZSM – 5 zeolite[J]. Chemistry Letters, 1988, 17(6): 953 – 956.

[10] Panov G I, Sheveleva G A, Kharitonov A S, et al. Oxidation of benzene to phenol by nitrous oxide over Fe – ZSM – 5 zeolites[J]. Applied Catalysis A – general, 1992, 82(1): 31 – 36.

[11] Panov G I. Advances in oxidation catalysis; oxidation of benzene to phenol by nutrous oxide [J]. Cattech, 2000, 4(1): 18 – 31.

[12] 王基铭, 袁晴棠. 石油化工技术进展[M]. 北京: 中国石化出版社, 2002: 159 – 170.

[13] Schmidt R J. Industrial catalytic processes – phenol production[J]. Applied Catalysis A – general, 2005, 280(1): 89 – 103.

[14] Hensen E J M, Zhu Q, Janssen R A J, et al. Selective oxidation of benzene to phenol with nitrous oxide over MFI zeolites: 1. On the role of iron and aluminum[J]. Journal of Catalysis, 2005, 233(1): 123 – 135.

[15] Hensen E J M, Zhu Q, Van Santen R A. Selective oxidation of benzene to phenol with nitrous oxide over MFI zeolites: 2. On the effect of the iron and aluminum content and the preparation route[J]. Journal of Catalysis, 2005, 233(1): 136 – 146.

[16] Reitzmann A, Klemm E, Emig G. Kinetics of the hydroxylation of benzene with N_2O on modified ZSM – 5 zeolites[J]. Chemical Engineering Journal, 2002, 90(1/2): 149 – 164.

[17] Hiemer U, Klemm E, Scheffler F, et al. Microreaction engineering studies of the hydroxylation of benzene with nitrous oxide[J]. Chemical Engineering Journal, 2004, 101(1/3): 17 – 22.

[18] Koekkoek A J J, Kim W, Degirmenci V, et al. Catalytic performance of sheet – like Fe/ZSM – 5

zeolites for the selective oxidation of benzene with nitrous oxide[J]. Journal of Catalysis, 2013, 299: 81-89.

[19]Koekkoek A J J, Tempelman C H L, Degirmenci V, et al. Hierarchical zeolites prepared by organosilane templating: A study of the synthesis mechanism and catalytic activity[J]. Catalysis Today, 2011, 168(1): 96-111.

[20]Koekkoek A J J, Degirmenci V, Hensen E J M. Dry gel conversion of organosilane templated mesoporous silica: from amorphous to crystalline catalysts for benzene oxidation[J]. Journal of Materials Chemistry A, 2011, 21(25): 9279-9289.

[21]赵萍萍，张云云，李道宽，等. 基于多金属氧酸盐的介孔离子催化剂催化苯一步氧化制苯酚[J]. 催化学报，2018，39(2)：334-341.

[22]Ren T, Yan L, Zhang X, et al. Selective oxidation of benzene to phenol with N2O by unsupported and supported $FePO_4$ catalysts[J]. Applied Catalysis A-general, 2003, 244(1): 11-17.

[23]Navarro R, Lopez-Pedrajas S, Luna D, et al. Direct hydroxylation of benzene to phenol by nitrous oxide on amorphous aluminium-iron binary phosphates[J]. Applied Catalysis A-general, 2014, 474: 272-279.

[24]Wang X, Meng B, Tan X, et al. Direct hydroxylation of benzene to phenol using palladium-titanium silicalite zeolite bifunctional membrane reactors[J]. Industrial & Engineering Chemistry Research, 2014, 53(14): 5636-5645.

[25]Changjiang Z, Hanqing G E, Yan L, et al. Long chain aliphatic amine-modified heteropolyacid catalysts for hydroxylation of benzene to phenol with molecular oxygen[J]. Chinese Journal of Catalysis, 2010, 31(6): 623-625.

[26]Tada M, Bal R, Sasaki T, et al. Novel Re-cluster/HZSM-5 catalyst for highly selective phenol synthesis from benzene and O_2: performance and reaction mechanism[J]. Journal of Physical Chemistry C, 2007, 111(27): 10095-10104.

[27]Passoni L C, Cruz A T, Buffon R, et al. Direct selective oxidation of benzene to phenol using molecular oxygen in the presence of palladium and heteropolyacids[J]. Journal Of Molecular Catalysis A-chemical, 1997, 120(1/3): 117-123.

[28]Kubacka A, Wang Z, Sulikowski B, et al. Hydroxylation/oxidation of benzene over Cu-ZSM-5 systems: Optimization of the one-step route to phenol[J]. Journal of Catalysis, 2007, 250(1): 184-189.

[29]Sumimoto S, Tanaka C, Yamaguchi S, et al. Zinc powder as an effective reducing reagent during liquid-phase oxidation of benzene to phenol using molecular oxygen over V-substituted heteropoly acid catalysts[J]. Industrial & Engineering Chemistry Research, 2006, 45(22): 7444-7450.

[30] Miyahara T, Kanzaki H, Hamada R, et al. Liquid – phase oxidation of benzene to phenol by $CuO-Al_2O_3$ catalysts prepared by co – precipitation method[J]. Journal Of Molecular Catalysis A – chemical, 2001, 176(1/2): 141 – 150.

[31] Chen X, Zhao W, Wang F, et al. Preparation and characterization of vanadium (Ⅳ) oxide supported on SBA – 15 and its catalytic performance in benzene hydroxylation to phenol using molecular oxygen[J]. Journal of Natural Gas Chemistry, 2012, 21(5): 481 – 487.

[32] Yamaguchi S, Sumimoto S, Ichihashi Y, et al. Liquid – phase oxidation of benzene to phenol over V – substituted heteropolyacid catalysts[J]. Industrial & Engineering Chemistry Research, 2005, 44(1): 1 – 7.

[33] Long Z, Zhou Y, Chen G, et al. 4, 4′ – Bipyridine – modified molybdovana – dophosphoric acid: A reusable heterogeneous catalyst for direct hydroxylation of benzene with O_2[J]. Chemical Engineering Journal, 2014, 239: 19 – 25.

[34] Yang H, Chen J Q, Li J, et al. The effect of TEMPO in the hydroxylation of benzene to phenol on the $[(CH_3)_4N]_4PMo_{11}VO_{40}$/ascorbic acid/TEMPO/$O_2$ catalytic system: formation of ascorbic acid radicals through hydrogen exchange of ascorbic acid and TEMPO[J]. Applied Catalysis A – general, 2012, 415: 22 – 28.

[35] Zhao P, Leng Y, Zhang M, et al. A polyoxometalate – based Pd^{II} – coordinated ionic solid catalyst for heterogeneous aerobic oxidation of benzene to biphenyl[J]. Chemical Communications, 2012, 48(46): 5721 – 5723.

[36] Long Z, Liu Y, Zhao P, et al. Aerobic oxidation of benzene to phenol over polyoxometalate – paired Pd^{II} – coordinated hybrid: Reductant – free heterogeneous catalysis[J]. Catalysis Communications, 2015, 59: 1 – 4.

[37] Tani M, Sakamoto T, Mita S, et al. Hydroxylation of benzene to phenol under air and carbon monoxide catalyzed by molybdovanadophosphoric acid[J]. Angewandte Chemie International Edition, 2005, 44(17): 2586 – 2588.

[38] Liu Y, Murata K, Inaba M. Liquid – phase oxidation of benzene to phenol by molecular oxygen over transition metal substituted polyoxometalate compounds [J]. Catalysis Communications, 2005, 6(10): 679 – 683.

[39] Ge H, Leng Y, Zhang F, et al. Direct hydroxylation of benzene to phenol with molecular oxygen over pyridine – modified vanadium – substituted heteropoly acids[J]. Catalysis Letters, 2008, 124(3): 250 – 255.

[40] Ge H, Leng Y, Zhou C, et al. Direct hydroxylation of benzene to phenol with molecular oxygen over phase transfer catalysts: Cyclodextrins complexes with vanadium – substituted heteropoly acids[J]. Catalysis Letters, 2008, 124(3): 324 – 329.

[41] Ge H Q, Leng Y, Zhang F M, et al. Pyridine – $H_5PMo_{10}V_2O_{40}$ hybrid catalysts for liquid – phase hydroxylation of benzene to phenol with molecular oxygen [J]. Science in China. Series B, Chemistry, 2009, 52(8): 1264 – 1269.

[42] Zhou C, Wang J, Leng Y, et al. Hydroxylation of benzene to phenol by molecular oxygen over an organic – inorganic hybrid catalyst: Schiff base manganese complex attached to molybdovanadophosphoric heteropolyacid[J]. Catalysis Letters, 2010, 135(1): 120 – 125.

[43] Wu Q, Yang H, Cheng H W, et al. A new Mo/V – oxide – based cationic species templated by Keggin polyoxotungstates (4 –) and its catalytic activity in benzene hydroxylation[J]. Journal of Molecular Structure, 2012, 1030: 83 – 88.

[44] Yang H, Li J, Wang L, et al. Exceptional activity for direct synthesis of phenol from benzene over PMoV@ MOF with O_2[J]. Catalysis Communications, 2013, 35: 101 – 104.

[45] Boz İ, Altınçekiç T G. Liquid phase hydroxylation of benzene to phenol over Cu/ZnO catalysts [J]. Reaction Kinetics Mechanisms And Catalysis, 2011, 102(1): 195 – 205.

[46] Masumoto Y, Hamada R, Yokota K, et al. Liquid – phase oxidation of benzene to phenol by vanadium catalysts in aqueous solvent with high acetic acid concentration[J]. Journal of Molecular Catalysis A – Chemical, 2002, 184(1/2): 215 – 222.

[47] Guo C, Du W, Chen G, et al. Influence of temperature on hydroxylation of benzene to phenol using molecular oxygen catalyzed by V/SiO_2[J]. Catalysis Communications, 2013, 37: 19 – 22.

[48] Battistel E, Tassinari R, Fornaroli M, et al. Oxidation of benzene by molecular oxygen catalysed by vanadium[J]. Journal of Molecular Catalysis A – Chemical, 2003, 202(1/2): 107 – 115.

[49] Miyahara T, Kanzaki H, Hamada R, et al. Liquid – phase oxidation of benzene to phenol by $CuO – Al_2O_3$ catalysts prepared by co – precipitation method[J]. Journal of Molecular Catalysis A – Chemical, 2001, 176(1/2): 141 – 150.

[50] Yamanaka H, Hamada R, Nibuta H, et al. Gas – phase catalytic oxidation of benzene over Cu – supported ZSM – 5 catalysts: an attempt of one – step production of phenol[J]. Journal of Molecular Catalysis A – Chemical, 2002, 178(1/2): 89 – 95.

[51] Kubacka A, Wang Z, Sulikowski B, et al. Hydroxylation/oxidation of benzene over Cu – ZSM – 5 systems: Optimization of the one – step route to phenol[J]. Journal of Catalysis, 2007, 250(1): 184 – 189.

[52] Tabler A, Häusser A, Roduner E. Aerobic one – step oxidation of benzene to phenol on copper exchanged HZSM – 5 zeolites: a mechanistic study [J]. Journal of Molecular Catalysis A – Chemical, 2013, 379: 139 – 145.

[53] Gu Y, Zhao H, Zhang G R, et al. Selective hydroxylation of benzene using dioxygen activated by vanadium – copper oxide catalysts supported on SBA – 15[J]. Applied Catalysis A – general,

2007, 328(2): 150 - 155.

[54] Jing L, Zhang F, Zhong Y, et al. Hydroxylation of Benzene to Phenol by H_2O_2 over an Inorganic - Organic Dual Modified Heteropolyacid[J]. Chinese Journal of Chemical Engineering, 2014, 22(11/12): 1220 - 1225.

[55] Ichihashi Y, Taniguchi T, Amano H, et al. Liquid - phase oxidation of benzene to phenol by molecular oxygen over La catalysts supported on HZSM - 5[J]. Topics in Catalysis, 2008, 47(3): 98 - 100.

[56] Laufer W, Niederer J P M, Hoelderich W F. New direct hydroxylation of benzene with oxygen in the presence of hydrogen over bifunctional palladium/platinum catalysts[J]. Advanced Synthesis & Catalysis, 2002, 344(10): 1084 - 1089.

[57] Masumoto Y, Hamada R, Yokota K, et al. Liquid - phase oxidation of benzene to phenol by vanadium catalysts in aqueous solvent with high acetic acid concentration[J]. Journal of Molecular Catalysis A - Chemical, 2002, 184(1/2): 215 - 222.

[58] Bortolotto L, Dittmeyer R. Direct hydroxylation of benzene to phenol in a novel microstructured membrane reactor with distributed dosing of hydrogen and oxygen[J]. Separation And Purification Technology, 2010, 73(1): 51 - 58.

[59] Laufer W, Niederer J P M, Hoelderich W F. New direct hydroxylation of benzene with oxygen in the presence of hydrogen over bifunctional palladium/platinum catalysts[J]. Advanced Synthesis & Catalysis, 2002, 344(10): 1084 - 1089.

[60] Sakamoto T, Takagaki T, Sakakura A, et al. Hydroxylation of benzene to phenol under air and carbon monoxide catalyzed by molybdovanadophosphates[J]. Journal of Molecular Catalysis A - Chemical, 2008, 288(1/2): 19 - 22.

[61] Liu Y, Murata K, Inaba M. Direct oxidation of benzene to phenol by molecular oxygen over catalytic systems containing $Pd(OAc)_2$ and heteropolyacid immobilized on HMS or PIM[J]. Journal of Molecular Catalysis A - Chemical, 2006, 256(1/2): 247 - 255.

[62] Yamanaka H, Hamada R, Nibuta H, et al. Gas - phase catalytic oxidation of benzene over Cu - supported ZSM - 5 catalysts: an attempt of one - step production of phenol[J]. Journal of Molecular Catalysis A - Chemical, 2002, 178(1/2): 89 - 95.

[63] Hamada R, Shibata Y, Nishiyama S, et al. One - step gas - phase catalytic oxidation of benzene to phenol with molecular oxygen over Cu - supported ZSM - 5 zeolites[J]. Journal of Chemical Physics, 2003, 5(5): 956 - 965.

[64] Shibata Y, Hamada R, Ueda T, et al. Gas - phase catalytic oxidation of benzene to phenol over Cu - impregnated HZSM - 5 catalysts[J]. Industrial & Engineering Chemistry Research, 2005, 44(23): 8765 - 8772.

[65] Liptáková B, Báhidský M, Hronec M. Preparation of phenol from benzene by one – step reaction [J]. Applied Catalysis A – general, 2004, 263(1): 33 – 38.

[66] Kusakari T, Sasaki T, Iwasawa Y. Selective oxidation of benzene to phenol with molecular oxygen on rhenium/zeolite catalysts[J]. Chemical Communications, 2004 (8): 992 – 993.

[67] Kitano T, Kuroda Y, Mori M, et al. Gas phase oxidation of benzene to phenol using Pd – Cu composite catalysts. Part 2. Performance of $CuSO_4$ – based catalysts[J]. Journal of the Chemical Society, Perkin Transactions 2, 1993 (5): 981 – 985.

[68] Miyake T, Hamada M, Sasaki Y, et al. Direct synthesis of phenol by hydroxylation of benzene with oxygen and hydrogen[J]. Applied Catalysis A – general, 1995, 131(1): 33 – 42.

[69] Ehrich H, Berndt H, Pohl M M, et al. Oxidation of benzene to phenol on supported Pt – VO_x and Pd – VO_x catalysts[J]. Applied Catalysis A – general, 2002, 230(1/2): 271 – 280.

[70] Niwa S, Eswaramoorthy M, Nair J, et al. A one – step conversion of benzene to phenol with a palladium membrane[J]. Science, 2002, 295(5552): 105 – 107.

[71] 翟宏斌，刘志煜. 2002 年有机化学闪光点[J]. 有机化学，2003，23：885 – 892.

[72] Itoh N, Niwa S, Mizukami F, et al. Catalytic palladium membrane for reductive oxidation of benzene to phenol[J]. Catalysis Communications, 2003, 4(5): 243 – 246.

[73] Sato K, Niwa S, Hanaoka T, et al. Direct hydroxylation of methyl benzoate to methyl salicylate by using new Pd membrane reactor[J]. Catalysis Letters, 2004, 96(1): 107 – 112.

[74] Orita H, Itoh N, Inada Y. All electron scalar relativistic calculations on adsorption of CO on Pt (111) with full – geometry optimization: a correct estimation for CO site – preference [J]. Chemical Physics Letters, 2004, 384(4/6): 271 – 276.

[75] Sato K, Hanaoka T, Niwa S, et al. Direct hydroxylation of aromatic compounds by a palladium membrane reactor[J]. Catalysis Today, 2005, 104(2/4): 260 – 266.

[76] Sato K, Hanaoka T, Hamakawa S, et al. Structural changes of a Pd – based membrane during direct hydroxylation of benzene to phenol[J]. Catalysis Today, 2006, 118(1/2): 57 – 62.

[77] Vulpescu G D, Ruitenbeek M, Van Lieshout L L, et al. One – step selective oxidation over a Pd – based catalytic membrane; evaluation of the oxidation of benzene to phenol as a model reaction[J]. Catalysis Communications, 2004, 5(6): 347 – 351.

[78] Choudhary V R, Gaikwad A G, Sansare S D. Nonhazardous direct oxidation of hydrogen to hydrogen peroxide using a novel membrane catalyst[J]. Angewandte Chemie – international Edition, 2001, 113(9): 1826 – 1829.

[79] 张雄福. ZSM – 5 型沸石膜的合成、表征及反应性能研究[D]. 大连：大连理工大学，2000.

[80] Cai R, Song S, Ji B, et al. Phenol cogeneration with electricity by using in situ generated H_2O_2

in a H_2-O_2 PEMFC reactor[J]. Catalysis Today, 2005, 104(2/4): 200-204.

[81]Cai R, Song S, Ji B, et al. Benzene electro-oxidation in a PEMFC for phenol and electricity cogeneration[J]. Applied Catalysis B-environmental, 2005, 61(3/4): 184-191.

[82]Perego C, Carati A, Ingallina P, et al. Production of titanium containing molecular sieves and their application in catalysis[J]. Applied Catalysis A-general, 2001, 221(1/2): 63-72.

[83]Ratnasamy P, Srinivas D. Active sites and reactive intermediates in titanium silicate molecular sieves[J]. ChemInform, 2004, 48: 1-169.

[84]Laufer W, Hoelderich W F. Direct oxidation of propylene and other olefins on precious metal containing Ti-catalysts[J]. Applied Catalysis A-general, 2001, 213(2): 163-171.

[85]Wan Y S S, Chau J L H, Gavriilidis A, et al. TS-1 zeolite microengineered reactors for 1-pentene epoxidation[J]. Chemical Communications, 2002 (8): 878-879.

[86]Niwa S, Eswaramoorthy M, Nair J, et al. A One-Step Conversion of Benzene to Phenol with a Palladium Membrane [J]. Seience, 2002, 295: 105-107.

[87]Neidig M L, Hirsekorn K F. Insight into contributions to phenol selectivity in the solution oxidation of benzene to phenol with H_2O_2[J]. Catalysis Communications, 2011, 12(6): 480-484.

[88]Tanarungsun G, Kiatkittipong W, Praserthdam P, et al. Ternary metal oxide catalysts for selective oxidation of benzene to phenol[J]. Journal of Industrial and Engineering Chemistry, 2008, 14(5): 596-601.

[89]Yuan C, Gao X, Pan Z, et al. Molybdovanadophosphoric anion ionic liquid as a reusable catalyst for solvent-free benzene oxidation to phenol by H_2O_2[J]. Catalysis Communications, 2015, 58: 215-218.

[90]Li Y, Wang Z, Chen R, et al. The hydroxylation of benzene to phenol over heteropolyacid encapsulated in silica[J]. Catalysis Communications, 2014, 55: 34-37.

[91]Trabelsi F, Ait-Lyazidi H, Ratsimba B, et al. Oxidation of phenol in wastewater by sonoelectrochemistry[J]. Chemical Engineering Science, 1996, 51(10): 1857-1865.

[92]Walling C. Intermediates in the reactions of Fenton type reagents[J]. Accounts of Chemical Research, 1998, 31(4): 155-157.

[93]Bremner D H, Burgess A E, Li F B. Coupling of chemical, electrochemical and ultrasonic energies for controlled generation of hydroxyl radicals: Direct synthesis of phenol by benzene hydroxylation[J]. Applied Catalysis A-general, 2000, 203(1): 111-120.

[94]Monfared H H, Amouei Z. Hydrogen peroxide oxidation of aromatic hydrocarbons by immobilized iron (Ⅲ)[J]. Journal Of Molecular Catalysis A-chemical, 2004, 217(1/2): 161-164.

[95]Zhong Y, Li G, Zhu L, et al. Low temperature hydroxylation of benzene to phenol by hydrogen peroxide over Fe/activated carbon catalyst[J]. Journal Of Molecular Catalysis A-chemical,

2007, 272(1-2): 169-173.

[96] Renuka N K. A green approach for phenol synthesis over Fe^{3+}/MgO catalysts using hydrogen peroxide[J]. Journal Of Molecular Catalysis A-chemical, 2010, 316(1/2): 126-130.

[97] Tong L I U, Xianyong W E I, Jianjun Z, et al. Microwave-assisted hydroxylation of benzene to phenol with H_2O_2 over $FeSO_4/SiO_2$[J]. Measurement Science and Technology, 2010, 20(1): 93-96.

[98] Song S, Yang H, Rao R, et al. High catalytic activity and selectivity for hydroxylation of benzene to phenol over multi-walled carbon nanotubes supported Fe_3O_4 catalyst[J]. Applied Catalysis A-general, 2010, 375(2): 265-271.

[99] Pezhman A, Badiei A, Koolivand A, et al. Direct hydroxylation of benzene to phenol over Fe_3O_4 supported on nanoporous carbon[J]. Chinese Journal of Catalysis, 2011, 32(1/2): 258-263.

[100] Tanarungsun G, Kiatkittipong W, Assabumrungrat S, et al. Liquid Phase Hydroxylation of Benzene to Phenol with Hydrogen Peroxide Catalyzed by Fe(Ⅲ)/TiO_2 Catalysts at Room Temperature[J]. Journal of Industrial and Engineering Chemistry, 2007, 13(3): 444-451.

[101] Baykan D, Oztas N A. Synthesis of iron orthophosphate catalysts by solution and solution combustion methods for the hydroxylation of benzene to phenol[J]. Materials Research Bulletin, 2015, 64: 294-300.

[102] Pan J, Wang C, Guo S, et al. Cu supported over Al-pillared interlayer clays catalysts for direct hydroxylation of benzene to phenol[J]. Catal. Commun. (Catalysis Communications), 2008, 9(1): 176-181.

[103] Parida K M, Rath D. Structural properties and catalytic oxidation of benzene to phenol over CuO-impregnated mesoporous silica[J]. Applied Catalysis A-general, 2007, 321(2): 101-108.

[104] Dan Xu, Lihua J, Xiangfeng G. Cu-doped mesoporous VO_x-TiO_2 in catalytic hydroxylation of benzene to phenol[J]. Chinese Journal of Catalysis, 2013, 34(2): 341-350.

[105] Dubey A, Kannan S. Liquid phase hydroxylation of benzene over Cu-containing ternary hydrotalcites[J]. Catalysis Communications, 2005, 6(6): 394-398.

[106] 李树晓，郭蕊，赵振波．类水滑石 CuMgAl 的制备、表征及其催化性能的研究[J]．应用科技，2009，36(2)：5-8.

[107] 李克，黄孟光，曹声春，等．苯与过氧化氢直接催化氧化合成苯酚[J]．湖南大学学报，1996，23(6)：64-81.

[108] 曹声春，黄孟光，谭本祝，等．苯液相一步法合成苯酚催化剂研究[J]．湖南大学学报，1998，25(6)：16-19.

[109] Makgwane P R, Ray S S. Hydroxylation of benzene to phenol over magnetic recyclable nanostruc-

tured CuFe mixed – oxide catalyst[J]. Journal Of Molecular Catalysis A – chemical, 2015, 398: 149 – 157.

[110] Chen J, Gao S, Xu J. Direct hydroxylation of benzene to phenol over a new vanadium – substituted phosphomolybdate as a solid catalyst [J]. Catalysis Communications, 2008, 9(5): 728 – 733.

[111] Qiao A, Kalevaru V N, Radnik J, et al. Oxidative dehydrogenation of ethane to ethylene over V_2O_5/Al_2O_3 catalysts: effect of source of alumina on the catalytic performance[J]. Industrial & Engineering Chemistry Research, 2014, 53(49): 18711 – 18721.

[112] Makgwane P R, Ray S S. Efficient room temperature oxidation of cyclohexane over highly active hetero – mixed WO_3/V_2O_5 oxide catalyst[J]. Catalysis Communications, 2014, 54: 118 – 123.

[113] Chen L, Yang B, Zhang X, et al. Methane oxidation over a V_2O_5 catalyst in the liquid phase [J]. Energy & Fuels, 2006, 20(3): 915 – 918.

[114] Hu L, Yue B, Wang C, et al. Enhanced catalytic activity over vanadium – containing silylated SBA – 15 catalysts for styrene epoxidation and benzene hydroxylation[J]. Applied Catalysis A – general, 2014, 477: 141 – 146.

[115] Mahdavi V, Hasheminasab H R. Vanadium phosphorus oxide catalyst promoted by cobalt doping for mild oxidation of benzyl alcohol to benzaldehyde in the liquid phase[J]. Applied Catalysis A – general, 2014, 482: 189 – 197.

[116] Mikolajska E, Calvino – Casilda V, Bañares M A. Real – time Raman monitoring of liquid – phase cyclohexene epoxidation over alumina – supported vanadium and phosphorous catalysts [J]. Applied Catalysis A – general, 2012, 421: 164 – 171.

[117] Behera G C, Parida K M. Liquid phase catalytic oxidation of benzyl alcohol to benzaldehyde over vanadium phosphate catalyst[J]. Applied Catalysis A – general, 2012, 413: 245 – 253.

[118] Romanowski G. Synthesis, characterization and catalytic activity in the oxidation of sulfides and styrene of vanadium (V) complexes with tridentate Schiff base ligands[J]. Journal Of Molecular Catalysis A – chemical, 2013, 368: 137 – 144.

[119] Gusevskaya E V, Menini L, Parreira L A, et al. Oxidation of isoeugenol to vanillin by the "H_2O_2 – vanadate – pyrazine – 2 – carboxylic acid" reagent[J]. Journal Of Molecular Catalysis A – chemical, 2012, 363: 140 – 147.

[120] Molinari R, Argurio P, Poerio T. Vanadyl acetylacetonate filled PVDF membranes as the core of a liquid phase continuous process for pure phenol production from benzene [J]. Journal Of Membrane Science, 2015, 476: 490 – 499.

[121] Gao X, Xu J. A new application of clay – supported vanadium oxide catalyst to selective hydroxylation of benzene to phenol[J]. Applied Clay Science, 2006, 33(1): 1 – 6.

[122] Alekar N A, Indira V, Halligudi S B, et al. Kinetics and mechanism of selective hydroxylation of benzene catalysed by vanadium substituted heteropolymolybdates[J]. Journal Of Molecular Catalysis A – chemical, 2000, 164(1/2): 181 – 189.

[123] Song S, Jiang S, Rao R, et al. Bicomponent VO_2 – defects/MWCNT catalyst for hydroxylation of benzene to phenol: Promoter effect of defects on catalytic performance[J]. Applied Catalysis A – general, 2011, 401(1/2): 215 – 219.

[124] Makgwane P R, Ray S S. Development of a high – performance nanostructured V_2O_5/SnO_2 catalyst for efficient benzene hydroxylation[J]. Applied Catalysis A – general, 2015, 492: 10 – 22.

[125] Zhao P, Wang J, Chen G, et al. Phase – transfer hydroxylation of benzene with H_2O_2 catalyzed by a nitrile – functionalized pyridinium phosphovanadomolybdate[J]. Catalysis Science & Technology, 2013, 3(5): 1394 – 1404.

[126] Yang H, Wu Q, Li J, et al. Direct synthesis of phenol from benzene catalyzed by multi – V – POMs complex[J]. Applied Catalysis A – general, 2013, 457: 21 – 25.

[127] Shijina A V, Renuka N K. Single step conversion of benzene to phenol using hydrogen peroxide over modified V_2O_5 – Al_2O_3 systems [J]. Reaction Kinetics and Catalysis Letters, 2009, 98(1): 139 – 147.

[128] Parvulescu V I, Dumitriu D, Poncelet G. Hydrocarbons oxidation with hydrogen peroxide over ermanic faujasites catalysts[J]. Journal Of Molecular Catalysis A – chemical, 1999, 140(1): 91 – 105.

[129] Parvulescu V, Su B L. Iron, cobalt or nickel substituted MCM – 41 molecular sieves for oxidation of hydrocarbons[J]. Catalysis Today, 2001, 69(1/4): 315 – 322.

[130] Zama K, Fukuoka A, Sasaki Y, et al. Selective hydroxylation of benzene to phenol by photocatalysis of molybdenum complexes grafted on mesoporous FSM – 16[J]. Catalysis Letters, 2000, 66(4): 251 – 253.

[131] Laufer W, Hoelderich W. F. Direct oxidation of propylene and other olefins on precious metal containing Ti – catalysts[J]. Applied Catalysis A – general, 2001, 213(2): 163 – 171.

[132] Fujimoto K, Tokuda Y, Maekawa H, et al. Selective and one – pot formation of phenols by anodic oxidation[J]. Tetrahedron, 1996, 52(11): 3889 – 3896.

[133] Tomat R, Vecchi E. Electrocatalytic production of OH radicals and their oxidative addition to benzene[J]. Journal of Applied Electrochemistry, 1971, 1(3): 185 – 188.

[134] Lee B, Naito H, Nagao M, et al. Alternating – Current Electrolysis for the Production of Phenol from Benzene[J]. Angewandte Chemie International Edition, 2012, 51(28): 6961 – 6965.

[135] Sasaki K, Ito S, Kinoshita T, et al. Electrolytic production of phenols from benzene using Cu

(Ⅰ)/Cu(Ⅱ) couple[J]. Chemistry Letters, 1983, 12(4): 445 –448.

[136] Otsuka K, Yamanaka I. Oxygenation of alkanes and aromatics by reductively activatedoxygen during H_2 – O_2 cell reactions[J]. Catalysis Today, 2000, 57(1/2): 71 –86.

[137] Cai R, Song S, Ji B F, et al. Benzene electro – oxidation in a PEMFC for phenol and electricity cogeneration[J]. Applied Catalysis B – environmental, 2005, 61(3/4): 184 –191.

[138] Niwa S, Eswaramoorthy M, Nair J, et al. A One – SteP Conversion of Benzene to Phenol with a Palladium Membrane[J]. Seience, 2002, 295: 105 –107.

[139] Otsuka K, Yamanaka I, Hosokawa K. A fuel cell for the partial oxidation of cyclohexane and aromatics at ambient temperatures[J]. Nature, 1990, 345(6277): 697 –698.

[140] Yamanaka I, Akimoto T, Otsuka K. Gas phase oxidation of benzene to phenol ad hydroquinone by using an H_2 – O_2 fuel cell system[J]. Electrochimica Acta, 1994, 39(17): 2545 –2549.

[141] Yamanaka I, Onizawa T, Takenaka S, et al. Direct and continuous production of hydrogen peroxide with 93% selectivity using a fuel – cell system[J]. Angewandte Chemie – international Edition, 2003, 115(31): 3781 –3783.

[142] 江南. 我国低温等离子体研究进展(Ⅰ)[J]. 物理, 2006, 卷(2): 130 –139.

[143] Ascenzi D, Franceschi P, Guella G, et al. Phenol production in benzene/air plasmas at atmospheric pressure. Role of radical and ionic routes[J]. Journal of Physical Chemistry A, 2006, 110(25): 7841 –7847.

[144] Zilly F E, Acevedo J P, Augustyniak W, et al. Tuning a P450 enzyme for methane oxidation [J]. Angewandte Chemie International Edition, 2011, 50(12): 2720 –2724.

[145] Shoji O, Kunimatsu T, Kawakami N, et al. Highly Selective Hydroxylation of Benzene to Phenol by Wild – type Cytochrome P450BM3 Assisted by Decoy Molecules [J]. Angewandte Chemie International Edition, 2013, 52(26): 6606 –6610.

[146] Mukarakate C, McBrayer J D, Evans T J, et al. Catalytic fast pyrolysis of biomass: the reactions of water and aromatic intermediates produces phenols[J]. Green Chemistry, 2015, 17(8): 4217 –4227.

[147] Elkasabi Y, Mullen C A, Boateng A A. Aqueous extractive upgrading of bio – oils created by tail – gas reactive pyrolysis to produce pure hydrocarbons and phenols [J]. Acs Sustainable Chemistry & Engineering, 2015, 3(11): 2809 –2816.

3 光催化苯羟基化制备苯酚

半导体光催化开始于1972年，日本科学家Fujishima A和Honda首次报道TiO_2电极在紫外光辐射下可以电解水产生H_2和O_2，这个发现拉开了多相光催化的序幕。自此以后，利用太阳能进行储能或者利用太阳能进行转化的研究逐渐开展起来。在众多的半导体材料中，以催化活性高、化学性质稳定TiO_2、ZnO等为代表的半导体已经在化工、医药、能源、环境以及化学领域被广泛研究以及应用。

3.1 半导体光催化基本原理

半导体材料是由大量原子组成的晶体。原子的紧密堆积使与核能量匹配的电子轨道相互交叠，这种电子运动共有化的结果构成了由大量能级组成的能带，其中，容纳价电子的能带称为价带，用E_v表示价带顶的能级；空带称为导带，用E_c表示导带底的能级，E_c与E_v之差即为所谓的禁带宽度E_g。图3－1表示了不同半导体的能级位置，因为半导体的能级位置与溶液的pH值有关，因此半导体光催化剂的禁带宽度是以与标准氢电极电位的相对位置表示，由此可作为选择半导体催化剂的依据。

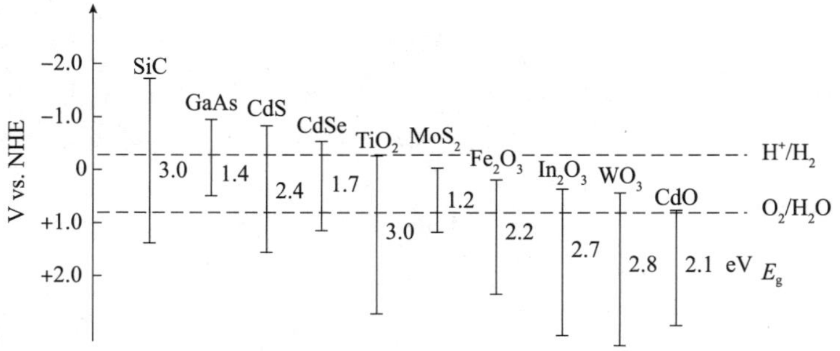

图3－1 pH值为7时，不同半导体的带隙及导带和价带的能级

从理论上来说，半导体的能带位置与反应物的氧化还原电位，决定了半导体光催化反应能力。从热力学上来说，光催化反应要求受主(Oxd)物种的相关电位低于半导体的导带位能；而可向空穴提供电子的供主物种(Red)的位能则应高于半导体的价带位置。因此从图 3-1 不难看出，在多相光催化中所用的半导体应为具有合适能带结构和禁带宽度(1~3eV)的金属氧化物和硫化物，如 TiO_2、ZnO、Fe_2O_3、CdS、CdSe、WO_3等。然而，在这些半导体中，由于硫化物易发生光阳极腐蚀，氧化铁易发生光阴极腐蚀，而 ZnO 易在表面形成 $Zn(OH)_2$致使催化剂失活，均不宜作为光催化剂，因此，目前，TiO_2仍然是光催化领域中首选的光催化剂，具有高度的稳定性，反应中不发生光腐蚀和化学腐蚀；价廉易得，安全无毒；具有合适的禁带宽度(锐钛矿：3.23eV，384nm；金红石型：3.02eV，411nm)；光生电子和光生空穴具有足够强的还原、氧化能力，可降解大部分的有机污染物。

当利用光子能量大于半导体禁带宽度的光照射半导体表面时，半导体吸收光子，价带中的电子被激发到导带，并同时在价带中留下空穴，这就产生了电子-空穴对(图 3-2)。

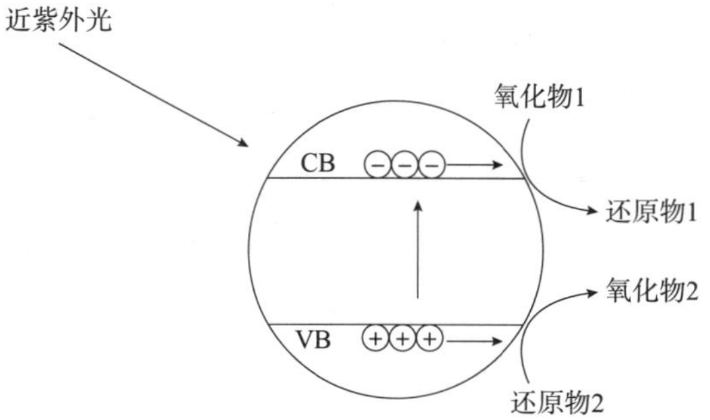

图 3-2 半导体光催化反应原理

光催化反应的基本步骤为：①吸收光子形成载流子，即光生电子和光生空穴；②光生载流子的复合，并以热的形式释放所吸收的光子能量；③催化剂表面 Ti^{4+} 捕获电子还原为 Ti^{3+}；④Ti^{3+} 捕获空穴氧化为 Ti^{4+}；⑤在氧气存在条件下，Ti^{3+} 重新被氧化为 Ti^{4+}，同时生成大量的自由基及自由基离子($O^{2-\cdot}$、$O_2\cdot$、$HO_2\cdot$、$OH^{\cdot}$)；⑥表面羟基捕获空穴形成表面羟基自由基；⑦羟基自由基与光生电子复合形成表面羟基基团；⑧表面羟基自由基将吸附在催化剂表面的还原物种氧化；⑨深度热反应和光催化反应，形成最终产物。

以上的各步反应是相互依存、相互竞争的。在整个光催化反应过程中，界面电荷迁移的总量子效率决定于两个重要的竞争过程，即载流子复合(步骤②)与载流子被捕获(步骤③和⑥)的竞争以及随后进行的被捕获载流子复合(步骤④和⑦)与界面电荷迁移(步骤⑤和⑧)的竞争。显然，被捕获载流子的界面转移是光催化过程的快速步骤，而光生电子与空穴的复合对半导体光催化的效率十分不利，因此，光生电子和空穴必须克服相互的静电引力才能达到空间上的分离，进而扩散到半导体表面，结果电子被氧气捕获，空穴被吸附的羟基捕获形成羟基自由基，有利于反应的进一步进行。

尽管半导体光催化已经取得了众所周知的成就，但是，从能量利用方面考虑，仍然存在诸多缺陷，严重地阻碍了光催化技术的产业化前景。这些缺陷主要体现在以下方面。

(1)由于 TiO_2 光催化剂具有较大的禁带宽度，只有低于388nm 的波长的光源才能激发光催化反应，换句话说，到达地面的太阳能中只有3% ~4%可被利用，对太阳能的利用率极低；

(2)单纯 TiO_2 光生载流子的复合率高。由于反应的量子效率取决于载流子的复合速率、载流子从体相迁移到表面的时间以及界面迁移速率，因此，复合率过高必然导致量子效率偏低。

此外，还有许多因素影响着光催化氧化(PCO，Photo Catalytic Oxidation)过程，这些因素包括：①挥发性有机污染物本身的化学性质对光催化效率的影响；②半导体催化剂体相和表面的特性；③光源的类型和强度；④表面吸附水的存在以及氧气的浓度等。针对以上缺陷，对半导体光催化剂进行了诸多方面的改性研究，主要目的包括拓展光催化剂对太阳能的吸收范围，提高光生电子和空穴分离率，降低两者的复合率等。

3.2 提高光催化性能的主要途径

为了提高光催化过程的量子效率和能量利用率，在提高光生载流子的界面迁移率、降低复合率方面，目前主要致力于两大途径的研究：①对催化剂结构和组成进行改性；②利用外场与光场的耦合效应。

前者包括尺寸调变、过渡金属离子掺杂、半导体复合(构建异质结)、表面负载、表面光敏、酸性调变及贵金属沉积等；后者包括热场、电场、微波场及超声波场等。

3.2.1 催化剂和组成改性

3.2.1.1 尺寸调变 - 量子尺寸效应

当半导体材料的尺寸减小到纳米数量级时，半导体的电子及光学性质都会发生不同于块体的巨大变化，这就是所谓的尺寸量子效应。随着粒径的不断减小，半导体的能带结构逐渐向原子或分子的能级结构过渡，导带中电子的离域程度越来越小，受到空间限制的作用越来越大。当半导体的尺寸与电荷载体的德布罗意波波长相当(约 10 ~ 100Å)时，便会引起激子能级变大，禁带宽度变宽，吸收阈值蓝移。例如，当 CdS 的尺寸为 26Å 时，其禁带宽度从块体的 2.6eV 增加到 3.6eV。

尺寸量子效应不仅造成半导体独特的光学性质，而且电学性质也发生了明显的改变。随着尺寸的减小，有效带隙增大，其光生电子与块体相比具有更负的电位，相应地具有更强的还原性；而光生空穴因具有更正的电位而具有更强的氧化性。

此外，当半导体的尺寸小于空间电荷层(约 100nm)时，光生载流子可通过简单的扩散从粒子的内部直接迁移到半导体表面，提高了光生电子、空穴的扩散速度，最终提高了反应的量子产率。例如，对于半径为 10nm 的半导体粒子，光生载流子迁移到表面的时间为 1Ps，而光生电子和空穴的复合时间则大于 10ns，因此，光生电子和空穴在未被复合前已经到达半导体的表面；但是，对于半径为 100nm 的粒子来说，其迁移时间为 10ns，复合效应极为严重。研究表明当 TiO_2 尺寸小于 10nm 时，光催化性能得到了明显的提高。

3.2.1.2 过渡金属离子掺杂

AnPo 用高能注入法进行过渡金属离子掺杂的研究发现，V、Cr、Mn、Fe 及 Ni 的注入可将 TiO_2 的光响应拓展到可见光区，其红移的程度不仅取决于过渡金属离子的注入量，而且与所注入过渡金属的类型密切相关，其红移程度的排序为：V > Cr > Mn > Fe > Ni。这种注入使 TiO_2 可以更有效地利用太阳能(效率提高 20% ~ 30%)，这可能与过渡金属离子中对太阳光吸收灵敏的外层 d 电子有关。

过渡金属离子掺杂可以在半导体催化剂中增加缺陷中心，在能带中引入杂质能级，这种杂质能级可以成为光生载流子的捕获阱，从而延长载流子的寿命。但并非所有的过渡金属离子掺杂都能提高光催化的效率，而只有电子结构和离子半径能与半导体的晶型结构、电子结构相匹配的金属离子，可形成有效的掺杂，从而提高光催化效率。一般来说，过渡金属离子的掺杂量都不大，否则反而有可能成为载流子的复合中心而加速复合过程。

3.2.1.3 表面负载

半导体颗粒的量子尺寸效应所带来的光催化活性的提高，使利用固定技术在不同的载体上(多孔玻璃、硅石、分子筛等)制备分子和/或团簇尺寸的 TiO_2光催化剂成为可能。实现光催化剂的固定化有两条技术路线。一条技术路线是将具有较高光催化活性的粉体 TiO_2固定到所选择的载体上，其优点是可利用成型的、自制的或商品 TiO_2，称为 PMTP(Previously Made Titania Powder)技术；另一条技术路线是从制备 TiO_2的原料(如 $TiCl_4$)出发，通过一定的技术路线，使其直接在载体上形成固载型的 TiO_2，如溶胶－凝胶技术(SGP，Sol－Gel Process)。如镶嵌在具有独特结构的分子筛空腔和骨架中高分散的 TiO_2。可将 NO 以极高的选择性生成产物，并表现出比负载在硅石、分子筛表面以及 TiO_2粉末高得多的光催化活性能。

3.2.1.4 表面光敏

表面增敏就是在半导体的表面通过物理、化学吸附修饰以光敏染料，可扩大光催化剂对光的响应范围。如图 3－3 所示，染料吸收可见光形成电子激发态：激发单重态(^{1}dye＊)或激发三重态(^{3}dye＊)(图中示为 dye^+)，如果染料分子激发态的氧化还原电位比半导体导带能级更负，电子就从这些电子激发态注入半导体的导带，再转移给吸附在催化剂表面的有机受主，而自身变为正碳自由基。用于增敏剂的染料通常包括赤鲜红 B、硫因、肽菁等。研究表明，增敏剂蒽－9 甲酸增敏的 TiO_2体系可将 N，N，N′，N′－四乙基还原，光响应区域可扩展到 450nm 的可见区。

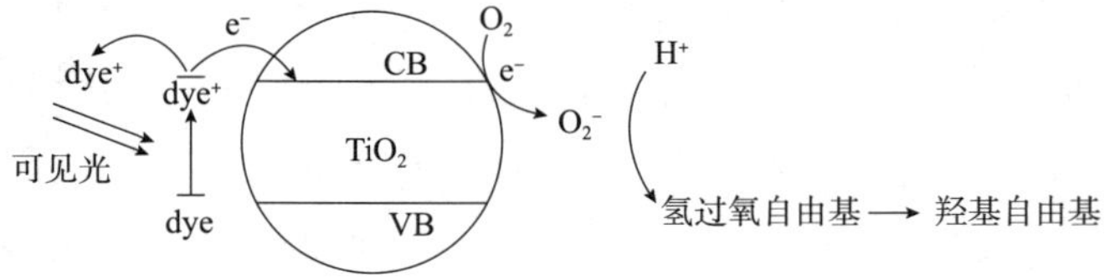

图 3－3 染料分子敏化剂的激发步骤

3.2.1.5 酸性调变

负载WO_3、MoO_3及Nb_2O_5的TiO_2是一类固体酸光催化剂，研究结果表明，在表面结构特性不变的条件下，增加表面酸性位点的数目，增强酸强度，可提高光催化降解的反应速率，从而提高光催化反应性能。Oosawa 的研究表明表面酸性实质上是由于在催化剂表面形成了强的羟基基团。当光照半导体产生电子、空穴时，这些表面羟基能够迅速捕获光致空穴，氧化吸附在半导体表面的有机分子。由于空穴被捕获，从而有效地抑制了光生电子和空穴的复合，提高光催化的量子产率。因此，表面羟基越多，表面活性位的酸性越强，酸位极化率越高，就具有更强的吸附能力和捕获空穴的能力，从而具有高度的光催化活性。

3.2.1.6 贵金属沉积

将少量的贵金属(如 Pt、Rh、Au、Ag、Ru)等添加到TiO_2中可显著提高光催化性能。这种光催化性能的提高是基于光电化学机理：当费米能级不同的金属和半导体相互接触时，电子就从费米能级较高的半导体流向较低的金属，直到两者的费米能级相同为止。这时金属表面获得多余的负电荷；而半导体表面有多余的正电荷，因此半导体能带向上弯曲，形成耗尽层。这就在金属－半导体界面上形成了所谓的 Schottky 势垒。为在光催化过程阻止光生电子、空穴的复合提供了有效的捕获阱。时间分辨光谱研究明确说明了 Pt 微粒在这些光生载流子的动力学上的重要作用，但一直没有直接研究结果表明气－固光催化体系中金属负载对反应初始过程的影响。最近，研究表明TiO_2上Ti^{3+}的信号强度(源于Ti^{4+}捕获光生电子)随着光照时间呈线性增加，而在Pt/TiO_2上信号强度几乎不变，说明Pt/TiO_2上光生电子从TiO_2快速迁移到了 Pt 上。实验表明，这些贵金属沉积的光催化剂普遍提高了半导体的光催化活性，并且适用范围极为广泛，包括水分解、有机物的氧化降解以及重金属的还原等。

3.2.1.7 构建半导体异质结

基于半导体的光催化技术由于能够直接利用太阳能生产氢、碳氢燃料等太阳能燃料以及降解各种污染物而受到广泛关注。然而，由于电子－空穴复合速度快、光利用率低，光催化反应的效率仍然很低。因此，已经付出了巨大的努力解决这些问题。特别是，由于光生电子－空穴对的分离，适当设计的异质结光催化剂能够具有更高的光催化活性。

光催化剂中的异质结已被证明是制备先进光催化剂的最有前途的方法之一，因为对于电子－空穴对的空间分离是可行的和有效的。提出了五种不同的异质结，并被证明是提高光催化剂活性的有效方法；分别是传统的Ⅱ型异质结、p－n异质结、表面异质结、直接Z－方案异质结和半导体－石墨烯(SC－石墨烯)异质结。

1. 常规异质结

通常，异质结被定义为两个不同的半导体之间的界面，具有不同的能带结构。通常，有三种类型的传统异质结光催化剂，具有跨隙能带结构(类型Ⅰ)、交错间隙能带结构(类型Ⅱ)和具有断裂间隙(类型Ⅲ)能带结构。对于Ⅰ类异质结光催化剂，半导体A的导带和价带分别高于和低于相应的半导体B的导带与价带，因此，在光照射下，电子和空穴将分别积累在半导体B的CB和VB能级。由于电子和空穴都聚集在同一半导体上，所以对于Ⅰ型异质结光催化剂来说，电子－空穴对不能被有效地分离。此外，氧化还原反应发生在氧化还原电位较低的半导体上，从而显著降低了异质结光催化剂的氧化还原能力。

对于第二类异质结光催化剂，半导体A的CB和VB能级高于半导体B的相应能级。因此，在光照射下，光生电子将转移到半导体B，而光生空穴将迁移到半导体A，导致电子－空穴对的空间分离。与第一类异质结光催化剂类似，第二类异质结光催化剂的氧化还原能力也会降低，因为还原反应和氧化反应分别发生在还原电位较低的半导体B和氧化电位较低的半导体A上。

第三类异质结光催化剂的结构类似于第二类异质结光催化剂的，不同之处在于交错的间隙变得非常极端，以至于带隙不重叠。因此，对于第三类异质结而言，两种半导体之间不会发生电子－空穴迁移和分离，故不适合于加强电子－空穴对的分离。在上述传统异质结中，因其结构适合于电子－空穴对的空间分离，第二类异质结显然是用于提高光催化活性的最有效的传统异质结。

异质结光催化剂的形貌调整也是优化第二类异质结光催化剂性能的关键。Yang等报道了具有第二类异质结的可见光活性的硫化镉/氧化锌核壳纳米纤维，对制氢具有良好的光催化活性。第二类异质结显著促进了氧化锌和硫化镉之间的电子－空穴对分离效率。同时，硫化镉/氧化锌的核壳结构具有较大的接触界面，可以进一步提高电子－空穴对的分离效率。结果表明，氧化锌/硫化镉的光催化产氢效率高于单一的氧化锌和硫化镉的。

2. p－n 异质结

虽然第二类异质结可以理想地分离空间中的电子－空穴对，但第二类异质结中电子－空穴分离的增强并不足以克服半导体上的超快电子－空穴复合。因此，提出了 p－n 异质结光催化剂的概念，能够通过提供附加电场加速电子－空穴在异质结上的迁移，从而提高光催化性能。在光照射前，n 型原子上的电子接近 p－n界面的半导体倾向于扩散到 p 型半导体，留下带正电荷的物种。同时，靠近 p－n 界面的 p 型半导体上的空穴倾向于扩散到 n 型半导体，留下带负电荷的物种。电子－空穴扩散将继续，直到系统达到费米能级平衡。其结果是，接近 p－n 界面的区域带电，从而产生带电空间或所谓的内部电场。当 p 型和 n 型半导体被能量等于或高于其带隙值的入射光照射时，p 型和 n 型半导体都可以被激发，产生电子－空穴对。p 型和 n 型半导体中的光生电子和空穴在内部电场的作用下会分别迁移到 n 型半导体的 CB 和 p 型半导体的 VB，从而导致电子－空穴对的空间分离。值得注意的是，这种电子－空穴分离过程在热力学上也是可行的，因为在 p－n 异质结光催化剂中，p 型半导体的 CB 和 VB 能级通常都高于 n 型半导体的。因此，由于内部电场和能带排列的协同作用，p－n 异质结光催化剂的电子－空穴分离效率比Ⅱ型异质结光催化剂快。p－n 异质结光催化剂的形貌可以调节，以获得较大的比表面积和丰富的表面活性中心，这被证明是进一步提高 p－n异质结光催化剂光催化活性的有效方法。

3. 表面异质结

2014 年，Yu 团队提出了表面异质结的概念，以解释在单个半导体的晶面上观察到的独特的电子－空穴分离现象。

单个半导体上的不同晶面可以具有不同的能带结构。由于异质结是由两个具有不同能带结构的半导体材料组合而成的，因此可能会在单个半导体的两个晶面之间产生一个异质结，即表面异质结。相继报道了一系列具有不同比例的锐钛矿型二氧化钛样品。这些样品是用 F^- 离子辅助水热法制备的。裸露的{001}和{101}晶面比为 55：45 的样品的光催化活性明显高于裸露{001}和{101}晶面占主导地位的样品的。根据密度泛函理论（DFT）计算，观察到的光催化活性的提高是由于在{001}和{101}面间形成了表面异质结。事实上，表面异质结的基本原理类似于Ⅱ型异质结，即锐钛矿型二氧化钛的{001}面的 CB 和 VB 能级高于锐钛矿型二氧化钛的{101}面能级。因此，电子和空穴可以在还原反应的{101}面上和氧化反应的{001}面上分别在空间上分开。这一发现使得在单个纳米颗粒表面设计异质结系统成为可能。此外，由于只使用一种半导体，因此所得到的异质结光催化剂的制造成本可以大大降低。值得注意的是，第二类异质结光催化剂的氧化还原电势损失也可以通过创建表面异质结最小化，因为二氧化钛的{001}和{101}面之间的能带结构差异很小。因此，锐钛矿型二氧化钛的光催化还原活性是商品二氧化钛的3.5倍，即P25。此外，还观察到，过度曝光的二氧化钛上的{101}或{001}面分别导致空穴和电子的溢出效应，从而降低了光生电子－空穴分离效率。显然，具有最佳暴露的{001}和{101}晶面比例的锐钛矿型二氧化钛的制备对于提高锐钛矿型二氧化钛的光催化活性至关重要。

4. 直接Z－型异质结

尽管上述所有异质结光催化剂都能有效地促进电子－空穴分离，但由于还原和氧化过程分别发生在还原和氧化电位较低的半导体上，光催化剂的氧化还原能力大幅度减弱。传统的Z－方案光催化体系由两种不同的半导体组成，光催化剂Ⅰ(PS Ⅰ)和光催化剂Ⅱ(PS Ⅱ)，以及受体/供体(A/D)对。PS Ⅰ和PS Ⅱ没有直接接触。在光催化反应中，光生电子通过以下氧化还原反应，通过A/D对从PS Ⅱ的CB迁移到PS Ⅰ的VB：

$$A + e^- \rightarrow D \tag{3-1}$$

$$D + h^+ \rightarrow A \tag{3-2}$$

具体地说，A通过与PS Ⅱ的CB的光生电子反应还原成D，然后D被VB的光生空穴氧化成A。由于电子积累在PS Ⅰ上，具有较高的还原电位，而空穴积累在PS Ⅱ上，具有较高的氧化电位，因此可以实现电子－空穴对的空间分离和最佳的氧化还原能力。然而，传统的Z－型光催化剂只能在液相中构建，限制了其在光催化中的广泛应用。

2006年，Tada等提出了全固态Z方案光催化剂的概念，由两种不同的半导体(PS Ⅰ和PS Ⅱ)及其固体电子介体组成。如图3－4所示，在光照射下，PS Ⅱ的VB上的电子首先被激发到CB上，在VB上留下空穴。然后，PS Ⅱ上的光生电子通过电子媒介(如Pt、Ag和Au)迁移到PS Ⅰ的VB，并进一步被激发到PS Ⅰ的CB，结果是光生空穴和电子分别积累在PS Ⅱ和PS Ⅰ中，前者具有更高的氧化电位，后者具有更高的还原电位，导致了电子－空穴的空间分离和氧化还原电位的优化。此外，全固态Z－型光催化剂可以在溶液、气体和固体介质中使用，从而扩大了其光催化应用。然而，改善全固态 Z－型光催化剂中电子迁移路径所需的电子介体昂贵且稀有，限制了该光催化剂的大规模应用。Xia 等报告说，一种低成本的天然矿物可以用来构建直接 Z－型异质结光催化剂。具体地说，天然磁性磁黄铁矿（NP）矿物经过 600℃ 的热处理后，被用作光催化剂。结果表明，热处理后的 NP（TNP）由赤铁矿（Fe_2O_3）和黄铁矿（FeS_2）组成。值得注意的是，与最初的 NP 相比，得到的 TNP 对大肠杆菌的消毒表现出了良好的光催化活性。这是由于 Fe_2O_3 和 FeS_2 之间形成了直接的 Z－型异质结，大大抑制了电子－空穴复合，优化了体系的氧化还原能力。此外，在热处理过程中，会产生氧或硫空位，并作为电子陷阱阻止电子－空穴复合。更有趣的是，Fe_2O_3 的存在导致了 TNP 直接Z－方案异质结光催化剂的强磁行为，从而使光催化剂能够简单地磁回收，这有利于长期应用。

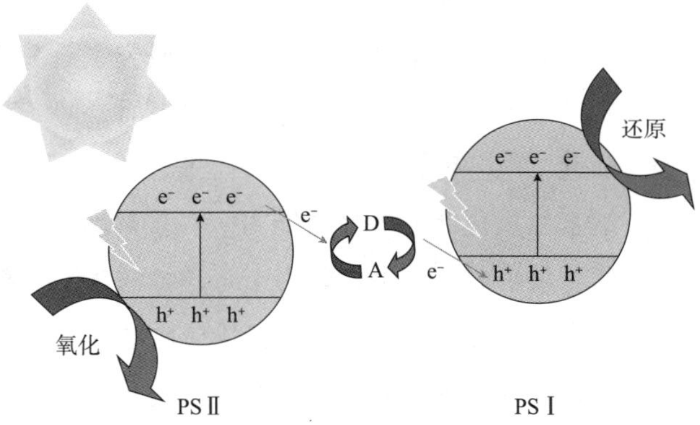

图 3－4　传统 Z－方案光催化体系在光照射下的电子－空穴分离示意图

5. 半导体/石墨烯异质结

自 2004 年 Geim 和 Novoselov 发现单层石墨烯以来，石墨烯一直被认为是一种理想的应用，包括太阳能电池、超级电容器、电池、光催化等。为了将石墨烯与其他半导体偶联以制备具有更高光催化活性的异质结光催化剂，已经付出了巨大的努力。石墨烯的超高电子导电性允许电子从半导体流向其表面，确保有效的电子－空穴分离。此外，石墨烯（－0.08V）对标准氢电极（SHE）的电位通常低于光催化剂的导带电位，从而使电子从光催化剂快速迁移到石墨烯。石墨烯在光催化中的应用是由 Zhang 等首先提出的。其研究表明，添加石墨烯可以大大提高二氧化钛（P25）对亚甲基蓝降解的光催化活性，这归因于 P25－石墨烯异质结上载流子的快速分离。此外，石墨烯的大比表面积也有利于为光催化反应提供更多的表面活性中心。

2011 年，Li 等首次报道了用于光催化制氢的硫化镉 – 石墨烯异质结体系。具体地说，采用简单溶剂热法制备了硫化镉/氧化石墨烯复合材料。反应前，将氧化石墨烯(GO)和乙酸镉混合在二甲基亚砜(DMSO)中。由于 GO 在 pH = 7 时表面带负电荷，在 DMSO 溶液中，由于 Cd^+ 离子与 GO 之间的静电吸引，来自乙酸镉的 Cd^+ 离子可以附着在 GO 表面。然后，在溶剂加热过程中，DMSO 产生 H_2S，并与 Cd^+ 离子发生原位反应，在 GO 表面生成 CdS NPs。同时，在 DMSO 存在下，GO 在溶剂加热过程中可以还原为 RGO。在 RGO 上原位生长硫化镉纳米粒子，不仅可以在硫化镉和氧化锌之间建立紧密的接触，保证电子从硫化镉向氧化锌的快速迁移，还可以限制电子从硫化镉向氧化锌的迁移，抑制 CdS 的生长，从而增大了 CdS/RGO 复合材料的比表面积。结果表明，与添加铂的硫化镉相比，硫化镉/RGO 复合光催化产氢活性提高 4.87 倍。之后，又通过制备石墨烯/二氧化钛纳米片状复合材料(石墨烯/二氧化钛 NS)进一步研究了石墨烯对 TiO_2 光催化活性的影响。二氧化钛纳米颗粒面对面分散在石墨烯表面，使二氧化钛纳米颗粒与石墨烯紧密接触。因此，电子可以从 TiO_2 NSS 迅速迁移到石墨烯表面。石墨烯的加入也大大提高了纳米二氧化钛的光吸收能力。石墨烯/TiO_2 NS 复合材料在可见光区域表现出广泛的背景吸收，这可以归因于石墨烯的 0eV 带隙。虽然石墨烯的这种增强的光吸收不会产生任何用于氧化还原反应的活性载流子，但吸收的光可以用于产生热量，并在光催化剂表面周围创造独特的光热效应。这一效应有利于加速电荷的传输。在 $Zn_xCd_{1-x}S$/石墨烯、Cu_2O/石墨烯、g – C_3N_4/石墨烯、Bi_2WO_6/石墨烯等复合材料中也观察到了类似的光热效应。因此，负载石墨烯的纳米二氧化钛纳米颗粒的瞬时光电流密度高于纯二氧化钛纳米颗粒的，表明前者具有较高的电子 – 空穴分离效率。因此，负载 1.0%(质量分数)石墨烯的 TiO_2 NSS 在所有研究的样品中表现出最高的光催化活性(36.8μmol · h^{-1})，这是因为电子从 TiO_2 NSS 快速迁移到石墨烯。然而，当复合材料中石墨烯质量分数高于 1.0% 时，复合材料的光催化活性会急剧下降，这是因为石墨烯的超载导致了光屏蔽效应，从而大大抑制了 TiO_2 NS 的光吸收。因此，应该注意的是，寻找半导体上石墨烯的最佳质量分数是提高其光催化活性的关键。

3.2.2 外场耦合

3.2.2.1 热场

反应温度对光催化降解的影响取决于被降解的目标有机物分子和反应的实验条件。对于 TiO_2光催化剂上的降解反应结果表明：随着反应温度的提高，高湿度下甲苯、1，3－丁二烯，低湿度下的乙烯，降解反应速率增大；1－丁醇和乙醇的反应速率则存在最大值；而低湿度下甲苯和三氯乙烯，升高温度对反应速率不产生影响；而丙烯、甲醛和高湿度下的乙烯，反应速率则随着反应温度的升高而降低。

因为 Pt 具有优异的热催化性能，因此在反应温度较高的条件下，以 Pt/TiO_2为光催化剂进行光催化反应往往伴随着平行的热催化反应。Zhang 在以Pt/TiO_2为催化剂降解苯的研究中发现了光催化与热催化的耦合现象：35℃下单纯光催化反应的转化率为 16.2%，120℃下单纯热催化反应的转化率为 3.3%，而在紫外光和 120℃的反应条件下，苯的转化率为 52.3%，是前二者之和（19.5%）的 2.7 倍。此外，耦合效应也使苯的矿化率大大提高，CO_2的产率接近完全氧化。Falcolle在研究 Pt/TiO_2上乙醛的高温光催化降解反应时也观察到了热催化和光催化的耦合效应，并发现在 140℃时，光催化反应速率有一个最大值。上述结果均表明，热－光协同效应使高温下的反应速率高于单纯光催化氧化和热催化氧化的线性组合的。

3.2.2.2 电场

自从利用单晶金红石型 TiO_2光阳极光电解水获得成功以来，采用光电催化方法氧化降解水中的有机污染物成为光催化领域中极具吸引力的分支。通常将 TiO_2以粒子膜的形式固载到钛片、OTE（Optically Transparent Electrode）等材料上制成二维光电极，这不仅可以提高光催化反应的效率，而且可以解决液相光催化体系中催化剂与反应液难以分离的问题。在光电催化反应体系中，半导体/电解质界面空间电荷层的存在有利于光生载流子的分离。而光生电子和空穴注入溶液的速度不同，电荷分离的效果也不同（图 3－5）。为了及时将光生电子从半导体颗粒表面驱走，可以通过向工作电极施加阳极偏压实现，从而提高界面的氧化效率。Kamat和 Christensen 考察了施加偏压对光催化降解 4－氯苯酚、苯酚及水杨酸光电催化降解效率的影响，认为在光电催化反应过程中，光生电子可通过外回路迅速流向对电极，同时，光生空穴则在电解质界面上与 OH_{sur}^- 或 OH^- 反应生成 ·OH，最终将有机污染物完全氧化。研究结果表明，施加阳极偏压可以有效地分离光生载流子，降低电子、空穴的复合率，从而提高光催化降解的效率。

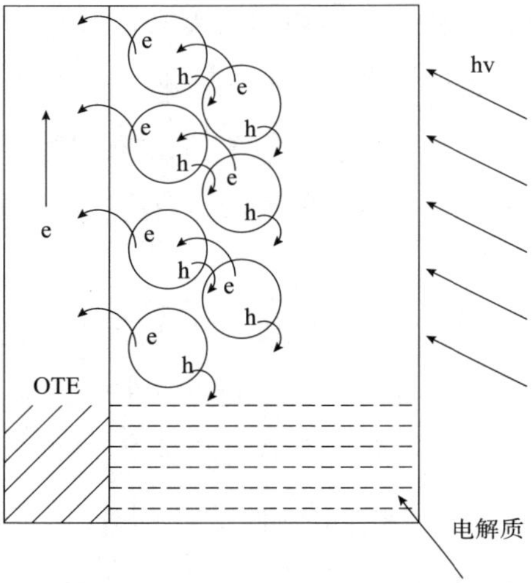

图 3-5　半导体粒子膜光致电荷分离

3.2.2.3　微波场

微波光催化的反应体系可分为悬浮体系和气相反应体系。对于光催化或光化学反应与微波辐射相结合的研究结果均表明，微波辐射不仅扰动了反应物的扩散，而且微波可产生 ·OH 自由基。微波辐照有利于光催化降解废水物质是由于微波和 TiO_2 表面存在热和非热两种相互作用，而后者通过形成额外的氧化物种（比如 ·OH 自由基和/或与此相当的活性氧物种）导致光催化效率的提高。ESR 研究表明，在微波辐照的光催化体系，产生了大量的 ·OH 自由基。根据微波影响光催化降解 2，4-二氯苯氧基乙酸/TiO_2 悬浮体系的研究结果，Serpone 认为微波辐射影响了反应物的氧化降解路径，而对催化剂表面的还原反应几乎不存在影响。尽管从实验结果无法推断微波辐射与光照的 TiO_2 表面之间明确的相互作用，而这种相互作用有可能导致表面缺陷的增加，从而增加 ·OH 或其他悬浮液中与此相当的活性氧物种的浓度。与此类似，Booske 等也提出模型解释非热效应，认为微波与晶体的低频弹性晶格振动耦合，产生非热分布，可能提高了离子迁移率，从而加快载流子向表面的扩散，导致羟基自由基的增加以及表面电子浓度的增大。

除了上述的液相反应体系，Kataoka 研究了微波辐照对气 - 固多相光催化体系的影响。结果表明，在较高湿度条件下，微波光催化降解乙烯的反应速率常数比单纯的光催化降解速率常数大，表明微波辐照有利于乙烯的光催化降解。

3.2.2.4 超声波场

超声波是一种激发和活化的能源，超声波化学来源于声波的造穴作用，也就是溶液中气泡的形成、成长和内爆。气泡的爆裂导致体系局部的高能状态：高温、高压以及放电效应和等离子效应。这些极端的状态导致溶液中氧气分子和水分子中化学键的断裂，形成·O、·H 和·OH，这些自由基相互反应或者与水分子反应，形成 O_2^-、HO_2^- 和 H_2O_2。因此，超声波与光催化结合有助于·OH 浓度的增大，从而提高水中有机污染物的降解效率。但是，超声光催化体系还可能包括其他独特的现象，比如在光催化反应中电子从有机物到 TiO_2 催化剂的直接迁移，以及在超声波水处理中有机物的高温分解。此外，该体系中有一个固 - 液多相过程，而其他的则是由于超声波的造穴作用而产生的局部气 - 固 - 液多相过程。Mason 等研究了超声波对多相光催化反应的影响，并提出了光催化反应中产物的变化及产量的提高是由于超声波的机械效应引起的，如超声波起到了清洁催化剂表面，减小颗粒尺寸和增大传质速率的作用。在 Harada 的超声光催化体系中，TiO_2 表面的水被持续、定量地分解为氢气和氧气。研究结果表明，超声波的介入大大提高了光催化降解水杨酸的速率和效率。可能的原因是聚合物的断裂以及光催化过程利用了由于超声波而产生的物种，此外，研究表明只有尺寸较小的催化剂才存在超声波和光催化的协同效应。另外，提高超声波频率有利于有机污染物（比如芳香族污染物和 CCl_4）的消除。

3.3 光催化苯羟基化制备苯酚的研究进展

随着苯羟基化反应的发展，利用光催化技术直接氧化苯制备苯酚反应条件温和，且在一定程度上克服了高温条件下催化剂稳定性差、能耗高等问题，因而受到较多的关注。光催化氧化苯制备苯酚具有巨大的潜力，无论是以紫外光或可见光为光源，均取得了一定研究进展。在光催化苯羟基化反应中，高效光催化剂的开发，对于控制反应的进行和提高苯酚的选择性尤为重要。

3.3.1 均相催化剂

许多均相催化剂已经广泛应用于光催化苯羟基化制备苯酚，如高活性的钴配合物、镍配合物、铜基配合物，以及氮或氧连接的铁配合物。此外，讨论了 Os 络合物作为苯氧化的重要催化剂(在 O_2 下与 $H_2{}^{16}O_2$ 氧化得到不含 ^{18}O 同位素的苯酚)，指出"Os = O"是导致苯酚形成的氧化物种。均相催化剂中的所有金属分子都能成为活性部位，不像多相催化剂只有少数活性中心在起作用。所以均相催化剂效率高。活性部位对能量分布很敏锐，所以均相催化剂具有相当高的选择性。由于均相催化剂的金属中心的立体效应和电子环境容易调节，有利于创造手性环境。容易制备多种配位体的均相催化剂，具有不同的性能，适用于不同底物的还原。均相催化剂有确定的分子结构，对认识催化反应机理有重要意义，便于对催化氢化进行深入研究，而且制备的重现性好。均相催化剂中，每个分子性能完全相同，不像多相催化剂那样，表面各部分性质差异很大，所以副反应少。均相催化剂避免了多相催化剂所存在的传质问题，使反应速度大大加快。

以过氧化氢为氧化剂，十二烷基磺酸铁为催化剂的离子液体在水溶液中得到了非常有趣的结果。特别是由于离子液体 1 – 正辛基 – 3 – 甲基咪唑四氟硼酸盐的存在，在 50℃下反应 6h 后，苯酚的转化率提高了 54%，苯酚选择性提高了 90%。此外，还发现，在没有离子液体的情况下，由于副产物对苯二酚和联苯的生成，转化率和选择性较低，这说明水 – 离子液体两相反应体系能够同时提高苯转化率和苯酚选择性。此外，还强调，可以通过简单的倾倒步骤将含有催化剂的离子液体与水相中的产物分离。

$H_5PV_2Mo_{10}O_{40}$ 多金属氧酸盐(POMs)作为均相催化剂(图 3 – 6)，能够在室温下以氧气为氧化剂，在 170℃下氧化 6h。在这些操作条件下，苯酚发生了羟基化反应(图 3 – 6)。然而，即使在室温下苯的氧化也是可能的，由于在硫酸水溶液中通过电子转移机制形成了苯类自由基物种，以及反应介质中存在的 O_2 促进了随后的氧化反应。

多金属氧酸盐形成了一类独特的过渡金属(通常是 Mo、W、V)的金属氧化物簇合物，通常处于最高的氧化态，具有不同的结构和性质。POMs 因其电子储存能力和各种还原形式的活性而被广泛应用于催化体系中。近年来，POMs 在苯羟基化制备苯酚反应中的催化活性也得到了证实，但是苯酚的产率很低，种类非常有限，开发高苯酚产率和高选择性的光催化体系仍然是一个艰巨的挑战。过氧化氢是基于 POM 的催化体系中最常用的氧化剂，POMs 可能是重复使用喹啉离子光催化体系中产生的过氧化氢的合适候选者。

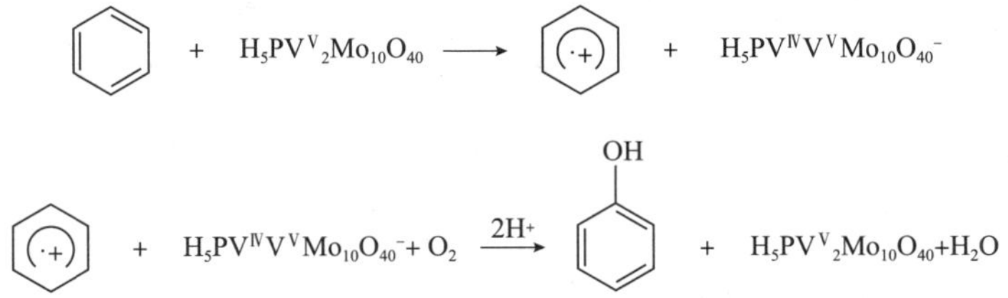

图 3-6 $H_5PV_2Mo_{10}O_{40}$ 催化剂反应流程示意图

喹啉本身对苯氧化制苯酚已具有光催化活性，在光照条件下，可以催化苯、水和氧气生成苯酚和过氧化氢，但喹啉离子催化剂目前报道较少。分析了取代基（$-CH_3$/$-H$/$-CN$）对喹啉环的影响，反阴离子（SO_4^{2-}，Cl^-，NO_3^-）和助催化剂对苯羟基化反应的催化性能，而对生成的过氧化氢的再利用一直被完全忽略。Gu 等从分子自组装提高原子利用率的角度出发，开发了一系列基于烷氧基六钒酸根阴离子和几种喹啉阴离子的光催化苯羟化合成苯酚的超分子催化剂。揭示了组装结构、喹啉环上的取代基和反应体系的酸性对烷氧基六钒酸根阴离子与喹啉阴离子协同催化效果的影响。在无 H_2SO_4 的多相催化条件下，喹啉离子的碳链越长，组装的孔道越大，越有利于催化效率的提高。喹啉环上的电子给体/碱性取代基不利于催化反应。催化体系的酸性有助于提高催化效率。H_2SO_4 的引入不仅提高了超分子催化剂在体系中的溶解度，而且有助于 H_2O_2 和 V^- 过氧基化合物的形成，最终提高了协同催化效率。在以 H_2SO_4 为添加剂的光催化条件下，以 O_2 为唯一氧化剂，$(C8-Quin)_2V_6$ 具有最高的苯酚产率（50.1%）和选择性（>99%），远高于单独使用 $(TBA)_2V_6$（0）和 C8-Quin（5.0%）。苯酚的产率为 50.1%，超过了迄今报道的所有 POM 基苯羟基化合成苯酚的催化剂，也超过了以 O_2 为唯一氧化剂、不添加额外氧化还原试剂的苯光催化合成苯酚的领先水平。

两亲性聚离子液体（PIL）/Wells-Dawson 型磷钒钼酸盐（V-POM）离子复合材料在苯与 H_2O_2 的羟基化反应中，苯酚的产率为 37.3%，选择性为 100%。

苯羟基化合成苯酚的其他均相催化剂是一系列带有席夫碱配体或容易获得的乙酰丙酮配体的过渡金属络合物，在乙腈中以过氧化氢为氧化剂，在 50℃ 下进行了苯羟基化反应的研究。在这种情况下，一方面 Fe(Ⅱ) 与 N_4席夫碱配体的络合物使苯酚选择性和苯转化率分别达到 98% 和 64%。另一方面，Fe(Ⅱ) 和 Fe(Ⅲ) 乙酰丙酮络合物对苯酚的选择性为 96%，但苯转化率较低(20% ~22%)。因此，报道的结果表明，苯酚是主要的反应产物，没有形成联苯作为副产物，这表明该反应不是通过自由基机制进行的。此外，文献报道了在含苯的乙腈溶液中，以及在常温下以 3 – 氰基 – 1 – 甲基喹啉离子($QuCN^+$) 为均相光催化剂的选择氧化苯为苯酚的反应，显示出对苯有很强的氧化能力。利用烷氧基六钒酸根阴离子和喹啉阴离子研究了紫外光照射下苯羟基化合成苯酚的反应，得到了高选择性(>99%) 和高产率(约 50%) 的苯酚。

Ohkubo K 等在均相条件下，以 $QuCN^+$ (3 – 氰基 – 1 – 甲基喹啉离子) 为催化剂，在均相和常温条件下用氧气和水选择氧化苯为苯酚。在单重态激发态下，$QuCN^+$ 离子具有较强的氧化能力(EOX vs. SCE = 2. 72V)，能够通过光诱导电子转移氧化苯(EOX vs. SCE = 2. 32V)。在光照射下，苯与氧气发生光催化氧化反应。在含苯(30Mm) 和水 (3. 0m) 的氧气饱和乙腈溶液中，用氙灯(500W，λ = 290 ~600nm) 作为光源。选择性地氧化苯产生成苯酚。在光照射后，通过核磁共振氢谱和碘量法进行鉴定。光照 1h 后，苯酚的选择性为 98%，量子产率为 16%，光照 5h 后的量子产率为 51%。当用 1 – 甲基喹啉(QuH^+) 和 1，2 – 二甲基喹啉(QuM^+) 取代 $QuCN^+$ 时，氧气和水将苯氧化为苯酚，分别得到 5. 7% 和 18% 的苯酚。在氯苯和 $QuCN^+$ 的情况下，苯酚选择性生成，分别以 27% 和 3% 的产率得到对氯苯酚和邻氯苯酚，苯酚转化率为 31%。综上所述，在氧气和水存在的条件下，以 $QuCN^+$ 为光催化剂，苯在均相条件下通过光诱导电子转移氧化，实现了苯的高效选择性光氧化，苯酚的量子产率较高，但选择性有待提高。由于此催化反应是均相反应，产物的分离是一个较大问题。2，3 – 二氯 –5，6 – 二氰基对苯二酚(DDQ) 是一种广为人知的高效有机氧化剂，可用于多种有机转化。DDQ 对苯的电子转移氧化是不可能的，因为 DDQ 的单电子还原电位(ERD = 0. 51V vs SCE)，远低于苯的单电子氧化电位(2. 48V)。可见光激发的 DDQ 通过系间交叉自发地松弛到长寿命的 $n-\pi^*$ 三重态激发态。进而报道了在氧气饱和的苯乙腈溶液中，在可见光照射下，以 DDQ 作为光催化剂氧化苯直接氧化制备苯酚。光氧化反应是通过光诱导电子从苯转移到 DDQ 的三重态得到苯酚和 2，3 – 二氯 –5，6 – 二氰基对苯二酚($DDQH_2$)，其中 DDQ 起化学计量氧化剂的作用，亚硝酸叔丁酯(TBN)可以作为循环剂，在好氧条件下将 $DDQH_2$转化为 DDQ。在含苯和水的氧气饱和的乙腈中，苯二酚(40MM)在可见光照射下，苯酚的产率为 99%，转化率为 99%(>99%选择性)。DDQ 是可见光照射下苯一步氧化制备苯酚的有效光催化剂，具有最高量子产率。

不同于均相催化的解决方案是基于固体催化剂的开发，在反应条件下提供更高的效率和高的稳定性。在均相体系的情况下，芬顿反应是众所周知的均相氧化过程，其中使用 Fe^{2+} 作为催化剂，过氧化氢作为氧化剂。然而，这一过程需要酸性条件，导致腐蚀现象，而且超过 40% 的已用过氧化氢被副反应消耗。

3.3.2 非均相催化剂

与均相光催化剂相比，多相光催化剂制备成本低、易于分离重复使用、具有广阔的工业应用前景。在这方面，已经开发了各种多相光催化剂，包括无机半导体、多金属氧酸盐、石墨化碳氮化物($g-C_3N_4$)、金属有机骨架(MOF)、碳材料以及其他类型的光催化剂(图 3-7)。作为均相光催化的替代，多相光催化过程可能是选择性氧化反应的一种可能的绿色替代。

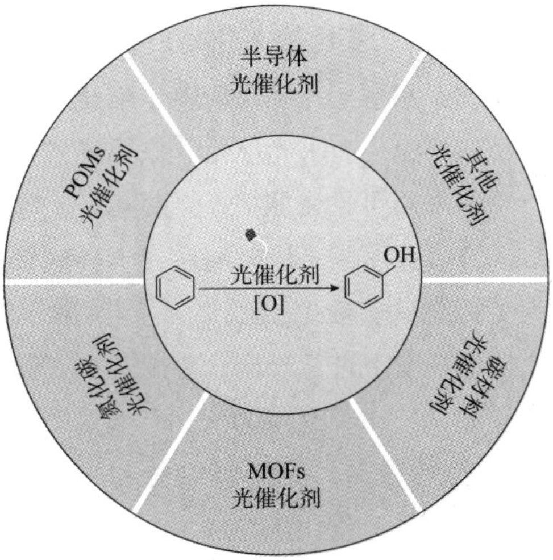

图 3-7 开发用于苯羟基化为苯酚的各种类型的非均相光催化剂

3.3.2.1 半导体基催化剂

半导体材料上的光催化是由苯直接合成苯酚的最有前途的候选材料之一。在各种宽禁带半导体光催化剂中，TiO_2 光催化氧化苯合成苯酚具有成本低、无毒性、化学稳定性好、抗光腐蚀等优点，是目前研究最广泛的半导体光催化剂。此外，在其价带中，光吸收会产生高氧化能力的空穴。然而，由于二氧化钛的带隙较宽，只有在紫外光条件下才能被激活。不幸的是，只有一小部分太阳辐射落在这个范围内。因此，对二氧化钛来说，吸收更多的太阳辐射是一个重要课题。为了提高 TiO_2在光催化苯羟基化反应中的催化活性，采用过渡金属离子掺杂、贵金属沉积、半导体复合等方法对 TiO_2进行改性。在半导体光催化剂中，二氧化钛因其化学稳定性和较高的氧化能力而成为使用最多的材料。据报道，与金红石型二氧化钛相比，锐钛矿型二氧化钛具有更高的光催化活性，因为锐钛矿型二氧化钛的表面含有更多的羟基。锐钛矿型二氧化钛的禁带宽度为 3.2eV，通常在紫外光下激活。当 TiO_2光催化剂的能量大于 TiO_2光催化剂的带隙能量时，在价带中产生正电荷空穴，而在导带中电子被激发。正空穴和电子都参与氧化还原反应。特别是，光生的正空穴能够与吸附的水反应产生羟基自由基，而电子可以还原 O_2，产生强氧化性的超氧离子。这些高活性物种，如羟基自由基，被用来在温和的条件下通过光催化过程从苯中生产苯酚。

为了将 TiO_2 光响应扩展到可见光区，三(2，2 – 联吡啶) Ru(Ⅱ)配合物($[Ru(Bpy)_3]^{2+}$)被广泛应用于二氧化钛的修饰。在 Goto 等的一项研究中，用钠基合成皂石将$[Ru(Bpy)_3]^{2+}$从二氧化钛中分离出来，同时保持了光激发络合物与二氧化钛之间的相互作用，实现了流动反应器中催化剂对苯光催化氧化。在水相悬浮液中$[Ru(Bpy)_3]^{2+}$ – SSA@ TiO_2光催化苯氧化制备苯酚反应，使用氩气去除了溶液中的溶解氧。反应采用可见光照射(光源为三一电子 XES – 502S 太阳模拟器，光强为 $100mW/cm^2$)。在反应一段时间后，苯直接氧化制备苯酚的反应受阻，苯酚产率较低。为了提高反应效率，考察了苯/苯酚水溶液中苯氧化制备苯酚的反应。通过在优化反应环境下进行反应，苯酚的加入促进了苯的转化与苯酚的生成。当苯和苯酚的初始浓度分别为 600×10^{-6} 和 83000×10^{-6}时，可见光照射 5h，苯分解率和苯酚选择性最高，分别为 72% 和 96%。Shiraishi 等制备了不同孔径和比表面积的无序介孔二氧化钛($mTiO_2$)，并比较了其与有序多孔二氧化钛($nTiO_2$)在紫外光下对苯羟基化反应的催化性能。结果表明，$mTiO_2$作为光催化剂，苯酚选择性高达 81%，是 $nTiO_2$的 10 倍以上。其原因可能是：苯在 $mTiO_2$上的吸附能力比苯酚的强得多，苯酚的快速脱附抑制了其在催化剂表面的进一步氧化，导致了更高的苯酚选择性(图 3 – 8)。

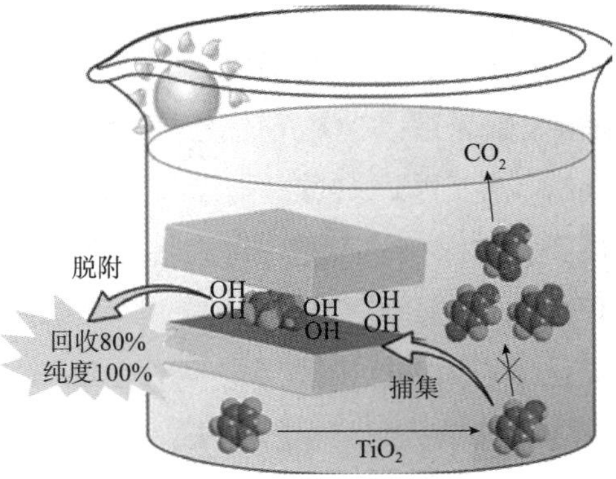

图3－8　层状硅酸在水中苯光催化羟基化选择性回收苯酚的示意图

在 Ide 等的报道中，通过简单的水热反应容易地合成镁铁矿（$Na_2Si_{14}O_{29}$），记为 Na－MAG。在层状硅酸盐亲酚吸附剂存在下，用 TiO_2部分氧化苯制备苯酚，苯酚的产率和纯度都达到了前所未有的高水平。这是因为吸附剂迅速、选择性、有效地捕获生成的苯酚，防止了过氧化，之后捕获的苯酚很容易被洗脱。在已知的层状硅酸通过层间钠离子与质子的阳离子交换反应而得到 $H_2Si_{14}O_{29}$（记为 H－MAG）。在模拟太阳光条件下（$\lambda > 320nm$），以水为溶剂、氧气和溶解氧为氧化剂，在 Na－MAG 或 H－MAG 存在的条件下，对 TiO_2光催化苯氧化进行了研究。所使用的是几平方毫米大小的片状二氧化钛，便很容易地在光催化后从反应混合物中去除二氧化钛，从而只从吸附剂中洗脱获得的产物。当单独使用 TiO_2时，光照射 24h 后，苯酚的选择性为 4%，苯转化率约为 80%。得到的产物大部分为苯酚的过氧化产物（例如，邻苯二酚、对苯二酚和 1，2，3－三苯酚）。然而，当 H－MAG 存在于相同的光照条件下，尽管苯的转化率约为 80%，但在上清液中几乎没有检测到苯酚和过氧化产物，在 H－MAG 用无水乙醇得到的洗脱液的色谱图中只检测到苯酚。在这种情况下，苯转化率约为 80%，苯酚选择性为 100%。在此光催化过程中，在反应混合物中几乎没有检测到苯酚。结果表明，H－MAG 能迅速、选择性地吸附新生成的苯酚，使苯酚几乎不被氧化，从而能够选择性、高效地回收苯酚。H－MAG 上吸附的苯酚从二氧化钛表面分离而稳定下来，而二氧化钛上产生的氧化自由基物种在失活之前可能很难扩散到 H－MAG 内，从而使得苯酚选择性大大提高。当使用 Na－MAG 时，苯酚选择性大大降低。因在反应混合物和 Na－MAG 的洗脱液中都检测到苯酚，猜测 Na－MAG 可能通过相对较弱的相互作用吸附苯酚，并在光催化过程中以重复的方式释放。

还有一种猜测是反应介质的性质(纯水、水/H－MAG 分散体、水/Na－MAG 分散体)的不同，如其疏水性或亲水性，影响 TiO_2 光催化性能。在层状硅酸(质子化镁铁矿)存在下，在模拟太阳光下，TiO_2 光催化氧化水中的苯时，苯酚的回收具有前所未有的高效率和选择性。层状硅酸盐与二氧化钛的结合有望为绿色精细化学合成打开大门。硅质介孔泡沫(MCF)是一种独特的多孔二氧化硅催化剂载体材料，具有大的比表面积，笼状的介孔(20～30nm)以及大的孔容，不同的官能团也可以通过与介孔二氧化硅表面进行接枝(图 3－8)。Zhang 等报道了一种将纳米二氧化钛负载于疏水性处理的微孔滤膜中的方法，该微孔滤膜是一种高效的光催化剂，用于苯选择羟基化合成苯酚。经疏水处理的 MCF 内部存在一个疏水环境，在该环境中，反应物苯分子优先被吸引到介孔中反应，而亲水产物苯酚分子在 MCF 笼中被进一步氧化降解之前被迅速释放。该方法显著提高了苯酚的光催化产物选择性。苯的光催化反应在以苯和乙腈为共溶剂的水相催化剂悬浮液中进行，光源为 300W 氙弧灯且通过截止滤光器($\lambda>320nm$)，光照时间 2h，苯酚的选择性由之前的 15.8% 提高到 34.7% (图 3－9)。

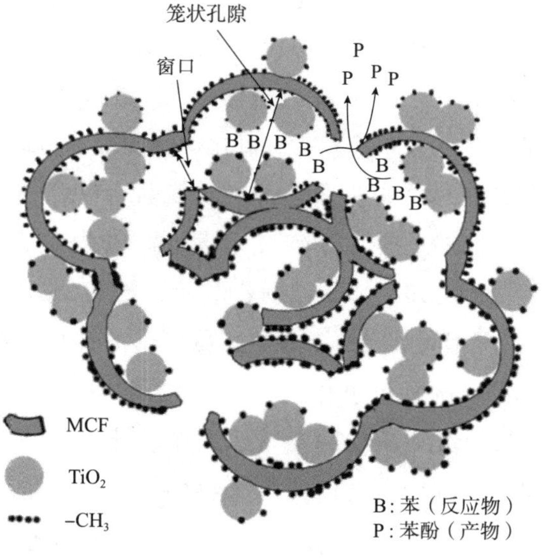

图 3－9　TiO_2沉积在疏水改性 MCF 的笼状孔中，用于苯的羟基化

在过去的几十年里，对 Au/TiO_2光催化剂应用于苯的羟基化反应进行了系统的研究。被激发的电子储存在金纳米粒子中，促进了二氧化钛对苯的氧化。Ide 等采用层状二氧化钛负载的金纳米粒子在可见光下催化苯氧化。在此研究中，金纳米颗粒被沉积在层状钛酸盐的层间空间中，形成具有分子筛能力的黏土类材

料，从而加速了所需产品的分离。苯酚的存在在光催化反应中起关键作用，加入过量的苯酚(18000×10^{-6})，其产率可达到62%，在没有苯酚的情况下没有观察到苯酚的生成。此外，还报道了一种通过在反应中引入二氧化碳来提高苯的光催化羟基化效率和选择性的简便方法。二氧化碳(230kPa)的存在能够促进苯酚的脱附，从而抑制苯酚的过度氧化。在Marino等的另一项工作中，将Au纳米粒子负载到锐钛矿型TiO_2光催化苯氧化反应中。与未改性的TiO_2光催化剂相比，Au/TiO_2光催化剂的反应速率在初始阶段较低，但随着反应时间的延长，反应速率逐渐增加，并超过TiO_2光催化剂。当Au负载量为1.0%(质量分数)时，苯酚的产率最高。Zheng等采用高效原位法制备了M@TiO_2(M：Au，Pt，Ag)复合材料。并将二氧化钛粉末分散在无水乙醇中，在紫外光照射下在二氧化钛颗粒表面产生Ti^{3+}离子。生成的Ti^{3+}离子在黑暗中还原了贵金属离子，使贵金属纳米颗粒均匀沉积在二氧化钛表面。在这三种复合材料中，Au@TiO_2光催化剂表现出最佳的催化活性，苯酚产率和选择性分别为63%和91%。

除了上述对贵金属纳米粒子和二氧化钛的研究外，Su等也对其进行了负载贵金属(Au，Pd)、合金(Au-Pd)和壳-核(Au-Pd和Pd-Au)的一系列金属纳米粒子对苯氧化制备苯酚的测试。结果表明，通过调整Au-Pd双金属纳米粒子的形貌和组成，可以减少苯的降解和苯酚的后续氧化。在这些催化剂中，负载Au-Pd(壳和核)纳米粒子能够同时提高苯酚的生成速率和减少对苯二酚的生成，从而表现出了最高的光催化性能。虽然苯转化率仍较低(30%)，但是为高纯度苯酚的直接合成提供了一条新途径。为了增加激发电子的陷阱，Devaraji等首先掺杂V于二氧化钛晶格，在二氧化钛的导带以下产生V^{5+}能级，然后在生成的$Ti_{0.98}V_{0.02}O_2$(TV2)上沉积Au，其中Au作为电子接收中心促进电子和空穴的分离以及向催化剂表面的分离和迁移。Au和TiO_2之间的肖特基结以及V^{5+}协同增加了TiO_2价带(Vb)上的空穴利用率，从而增强了紫外光下苯转化为苯酚的能力。考虑到CeO_2的高热稳定性和较大储氧容量，Ma和他的同事们还开发了分散的Pd纳米团簇，在CeO_2/TiO_2纳米复合材料上用于选择性苯氧化，其中Pd与载体之间的协同作用被认为是提高光催化活性的重要因素。此外，所制备的催化剂可重复使用5次，活性没有任何损失。Park等考察了二氧化钛的表面修饰(铂沉积、氟化、二氧化硅负载)以及与多金属氧酸盐(即二氧化钛和聚甲醛体系)的结合对苯光催化羟化反应的影响。铂的沉积和二氧化钛的表面氟化有助于在催化剂表面产生·OH自由基，从而显著提高苯酚的产率和选择性，而二氧化硅的负载量对催化活性影响不大。当 POM 加入催化体系中时，既是均相光催化剂，又是可逆的电子受体，从而使苯酚的产率提高到 11%。本工作为新型苯羟基化光催化剂的设计提供了一条新的途径。

为了克服贵金属(Au、Pd、Pt 和 Ag)的高成本，在这方面已做出了许多改善，以廉价的材料取代它们来进行二氧化钛的改性。Devaraji 等通过在二氧化钛中掺入铁和铬制备了无序介孔 $Ti_{0.98}Fe_{0.01}Cr_{0.01}O_2$，使其产生了电子陷阱能级。此外，在较短的载流子扩散长度下，制备的共掺杂光催化剂能够抑制光生载流子的复合，加速其向催化剂表面的迁移，从而提高紫外光催化活性。在最近的研究中，铜纳米颗粒也被证明是昂贵贵金属的合适替代品。Tanarungsun 等研究了过渡金属复合物(FeCu、FeV 和 FeVCu)负载于二氧化钛在紫外光下催化苯在水相中羟基化合成苯酚。与双金属复合材料($FeCu/TiO_2$，FeV/TiO_2)相比，$FeVCu/TiO_2$ 三金属复合材料的协同催化作用进一步促进了苯氧化。在 Devaraji 等最近的一项工作中制备了负载型二维叶结构双相(锐钛矿型－金红石型)介孔叶型二氧化钛(LT)，并对苯羟化反应表现出较高的光催化活性。结果表明，表面无序介孔二维叶结构以及 Cu^{2+} 在 LT 中的整合增加了光激发载流子的迁移率，从而促进了苯光催化转化为苯酚。

此外，WO_3 作为一种 n 型半导体，其直接带隙为 2.4～2.8eV，也是一种广泛应用于苯光催化合成苯酚的半导体。然而，WO_3 较低的 CB 位抑制了 VB 孔洞的产生，而具有较高的氧化能力。此外，光产生的电荷在 WO_3 中的空穴较高程度的复合导致较低的光电催化活性。Yoshida 等研究结果表明，在没有氧气的情况下，负载铂的二氧化钛可以显著提高苯酚的选择性。然而，效率并不理想。可能是因为与氧气相比，水(或质子)捕获光激发电子的能力较低。因此，在紫外光和可见光(300nm $< \lambda <$ 500nm)条件下，采用负载纳米 WO_3 的方法提高 WO_3 在水和氧气作为氧化剂下选择性氧化苯的光催化性能。结果表明，Pt/WO_3 对苯酚的选择性高达 74%，远高于 Pt/TiO_2 和 TiO_2 的。机理研究表明，Pt/WO_3 光催化剂上的光激电子主要是通过两个电子还原而形成的。生成的过氧化氢不参与苯的氧化。相反，二氧化钛上生成的氧自由基促进了苯的氧化分解，从而降低了苯酚的选择性。在 O_2 中不产生活性氧自由基，并且能够选择性地将水氧化成·OH 自由基被认为是 Pt/WO_3 获得高苯酚选择性的原因。在 Kurikawa 最近的工作中进一步研究了在可见光(420nm $< \lambda <$ 540nm)下 Pt/WO_3 光催化苯羟基化的反应机理。研究表明，由于铂粒子的散射效应和表面共振作用，不同铂物种含量的 Pt/WO_3 能够吸

收450nm以上的光，因此其光催化活性随着两种铂物种的沉积和反应时间的延长而显著提高。机理研究表明，水中O—H键的解离速率在羟基化反应中起着重要作用，并提出用光生过氧化氢取代水中的羟基和苯中提取的氢，表明苯羟基化反应是以推拉方式进行的。这一研究为深入理解在Pt/WO_3催化剂上苯羟基化合成苯酚的反应机理提供了新的视角。

与二氧化钛相比，氧化锌是一种直接带隙半导体，其表面有更多的氧空位，有利于电子陷阱的形成，延长载流子的寿命，从而吸收更广泛的太阳光谱。Sathu等通过将锌离子嵌入白玉兰树叶的多孔通道中，制备了由氧化锌组成的无机叶子(IL－ZnO)。与商品氧化锌相比，IL－ZnO的缺陷数量得到了有效的抑制。此外，由于保留了纳米空间和纳米结构，电荷载流子的扩散进一步提高了IL－ZnO在紫外光下催化苯羟化反应的性能。近年来，具有特定形貌的层次化纳米结构引起了特别的关注。Chen等将Bi_2WO_6纳米片修饰到$CdWO_4$微棒上，制备了一种新型的三维$Bi_2WO_6/CdWO_4$(BCW)材料。由于独特的层次化异质结构有利于可见光的吸收和光生载流子的分离，BCW表现出高的苯酚选择性(>99%)。Wei等探索了将$FeVO_4$纳米棒接枝到具有共价键的有机硅烷(OS)基团上，用于苯的光催化羟基化反应。在$FeVO_4$表面接枝上的OS基团不仅可以改变$FeVO_4$的表面亲和力，提高苯吸附和解吸苯酚的能力，而且在保持$FeVO_4$可见光响应能力的同时，还可以作为一种有效的保护层抑制金属的浸出，从而在苯制备苯酚反应中表现出良好的光催化性能(表3－1)。

表3－1 半导体基光催化剂对苯羟基化的催化性能

光催化剂	反应条件	苯转化率/%	苯酚选择性/%	苯酚收率/%	参考文献
$[Ru(Bpy)_3]^{2+}$－SSA@TiO_2(0.42g/L)	Simulated solar, benzene (600×10^{-6}), phenol(83000×10^{-6}), H_2O, RT, 5h	72	96	63.5	[160]
mTiO_2 (10mg)	$\lambda>320$nm, 0.02mmol benzene, 10mL H_2O, 40℃, 6h	42	81	34	[161]
H－MAG TiO_2 (120mg)	Simulated solar $\lambda>320$nm, aqueous benzene (20mL H_2O, saturated with O_2), 42℃, 24h	80	100	80	[162]
Na－MAG TiO_2 (120mg)		80	28	22.7	

续表

光催化剂	反应条件	苯转化率/%	苯酚选择性/%	苯酚收率/%	参考文献
TiO_2@MCF (1g/L)	λ > 320nm, 29.7mL H_2O, 0.3mL acetonitrile, 10mmol benzene, RT, 2h	72	30.7	22.2	[163]
Au@TiO_2 (50mg)	Xe arc lamp λ > 400nm, 0.07mL benzene, 50mL H_2O, 30℃, 3h	65	96	62	[164]
Au/TiO_2 (60mg)	λ > 320nm, 60ppm benzene, 230kPa CO_2, 20mL H_2O, 34℃, 24h	15	89	13	[165]
Au/TiO_2 (60mg)	Hg lamp (240 ~ 440nm), 5mL benzene, 500mL H_2O, 25℃, 6h				[166]
Au@TiO_2 (2 g/L)	λ > 400nm, 50mL H_2O, 0.07mL benzene, RT, 2h	60	91	63	[167]
Pt@TiO_2 (50mg)		60	52	31	
Ag@TiO_2 (50mg)		0.3	0.9	0.3	
$Au_{shell}-Pd_{core}/TiO_2$ (5mg/L)	UV LED light, 1mmol/L benzene and H_2O (100mL), RT, 1h	30			[167]
Au/$Ti_{0.98}V_{0.02}O_2$ (30mg)	λ = 200 ~ 400nm, 2mL benzene, 1mL H_2O_2, 1mL CH_3CN, 25℃, 18h	18	88.1	15.9	[169]
Pd/CeO_2/TiO_2 (100mg)	Xe lamp λ > 420nm, 1g benzene, 10mL CH_3CN, benzene : H_2O_2 (molar ratio) = 1 : 5, 80℃, 10h	73	95	69.4	[170]
TiO_2 + POM (25mg)	Xe arc lamp λ > 300nm, benzene: H_2O : CH_3CN = 0.05 : 24 : 1, O_2, RT, 8h	13	85	11	[171]
$Ti_{0.98}Fe_{0.01}Cr_{0.01}O_2$ (30mg)	Hg lamp (200 ~ 400nm), 1mL benzene, 2mL CH_3CN, 2mL H_2O_2, H_2O, 25℃, 3 ~ 18h	15	94	14.1	[172]
FeVCu/TiO_2 (10mg)	Black light blue fluorescent bulb, benzene/H_2O_2 = 0.5, 40mL CH_3CN, 30℃, 4h	18.6	52	9.7	[173]
$Cu(OH)_2$/LT (5mg)	UV illumination, 100μL benzene, 500μL CH_3CN, 13mL H_2O, 87μL H_2O_2, RT, 6h	50	97	45	[174]

续表

光催化剂	反应条件	苯转化率/%	苯酚选择性/%	苯酚收率/%	参考文献
Pt/WO_3 (20mg)	(220 ~ 470nm), 1mL benzene, 1mL H_2O, 60℃, 3h		97		[177]
$Pt(0.2)-WO_3$ (20mg)	300nm < λ < 500nm, 2.5mmoL benzene, 7.5mL H_2O, 6℃, 4h	69	74	49	[178]
Pt/WO_3 (20mg)	Xe lamp 420 ~ 540nm, 0.3mmol benzene, 5mL H_2O, 25℃, 20h		70		[180]
$IL-ZnO_2$ (25mg)	Hg lamp (250 ~ 450nm), 1mL benzene, 2mL CH_3CN, 2mL H_2O_2, 25℃, 12h	5.2	92	4.6	[182]
$Bi_2WO_6/CdWO_4$ (5 0mg)	Xe lamp λ > 420nm, 3mL CH_3CN, 0.1mL H_2O, 0.5mmol benzene, 25℃, 3h	7.3	99	6.5	[184]
$FeVO_4$@TMOS (30mg)	Xe lamp λ >420nm, 3mL CH_3CN, 3mL H_2O, 0.1mL benzene, 2mL H_2O_2, 24℃, 4h	20	98	20	[185]
$FeVO_4$@DTOS (30mg)		13	98	13	

3.3.2.2 POMs 基光催化剂

POMs 是过渡金属氧化物的阴离子纳米团簇，具有各种结构。由于其高度的氧化稳定性、优异的水溶性和独特的结构和依赖于此类催化剂的可逆氧化还原性能，多金属有机化合物已被开发为一类用途广泛的氧化还原试剂，用于苯的光催化羟基化合成苯酚。为了提高均相 POMs 催化体系的稳定性和重复使用性，通过各种固定化或固化策略制备了基于 POMs 的多相催化剂。Zhang 等通过将喹啉阳离子与 Keggin－型磷钨(PW)阴离子配对，制备了功能化 POMs 配对离子盐(IL－POMS)，用于苯氧化反应。结果表明，这些 IL－POMS 的溶解度依赖于喹啉阳离子烷基上碳链的长度，只有长碳链才能形成多相光催化剂。由于光诱导的载流子重组受到抑制，受益于 POMs 阴离子独特的氧化还原性质，IL－POMS 的苯酚产率(20.9%)高于喹啉盐前驱体和磷酸盐分子的。Xu 等以 $NH_2-MIL-88/PMo_{10}V_2-3$ 作为催化剂，实现了苯直接氧化制备苯酚。并将一种 K－结构的钒取代的 POM($PMo_{10}V_2$)固定在功能化的 MIL－88($NH_2-MIL-88$)上，制备了一种稳定的多相光催化剂，杂多酸阴离子可以在其中“抓住”NH^{3+}。所得到的 $NH_2-MIL-88/$

$PMo_{10}V_2$催化剂具有优异的光催化性能，这归因于$PMo_{10}V_2$的高度分散性、·OH自由基的产生以及在有电子存在的情况下原位形成的V^{5+}/V^{4+}氧化还原对。最近，Gu等报道了基于钒取代的POMs阴离子和喹啉离子的苯氧化制备苯酚超分子催化剂的研究进展。研究发现，钒取代的POMs阴离子不仅能稳定喹啉自由基，而且能重复利用喹啉离子产生的过氧化氢，使得苯酚产率高达50.1%。然而，由于喹啉离子的存在，所制备的超分子催化剂的可重用性仍然是一个令人担忧的问题(表3－2)。

表3－2　POMs基光催化剂对苯羟基化的催化性能

光催化剂	反应条件	苯转化率/%	苯酚选择性/%	苯酚收率/%	参考文献
IL－POMS (25μmol)	Xe lamp λ > 420nm, 1.28mmol benzene, 10mL CH_3CN, 1mL H_2O, RT, 10h	21	99	20.9	[188]
NH_2－MIL－88/ $PMo_{10}V_2$ (20mg)	LED lamp (320～780nm), 1mL benzene, 3mL acetic acid, 3mL CH_3CN, 1mL H_2O_2, 60℃, 3h	12.5	99	12.4	[189]
Quinolinium 和 Polyoxovanadate－Based Supramolecular (0.0125mmoL)	Xe lamp λ > 420nm, H_2O/CH_3CN = 3 : 17 (v : v), 0.5mmol benzene, 25℃, 12h	51	99	50.1	[190]

3.3.2.3　g－C_3N_4基光催化剂

作为一类N－掺杂的聚合物材料，氮化碳(CN)因其优异的催化剂或催化剂载体性能而备受关注。在各种纳米结构中，有序的g－C_3N_4被认为是在常温下最稳定的，可以由低成本的富氮前驱体(如三聚氰胺、双氰胺、尿素等)制备。此外，堆积的2D结构和合适的带隙(2.7eV)使g－C_3N_4能够用于光催化氧化反应。特别是，发现多孔g－C_3N_4可以化学吸附和活化苯。但原生g－C_3N_4的光催化活性并不理想，这是由于其比表面积小，光诱导的载体复合速度快所致。到目前为止，非金属和金属材料已被用于掺杂g－C_3N_4，以提高其对苯的羟基化反应的光催化性能。

氟化处理已被广泛用于修饰石墨、碳纳米管、氮化硼纳米管和活性炭等。含氟聚合物氮化碳固体(CNF)在光催化中显示出良好的应用前景。据Wang等报道，将NH_4F直接引入热诱导的CN固体中以调节所生成的催化剂的电子带隙和氧化还原性能，从而提高了苯转化为苯酚的能力，但是光催化活性仍然有限。为了暴露催化剂中心，将 Fe^{3+} 掺杂到 g－C_3N_4上，然后将其包覆到介孔材料 Santa Barbara Amorphous－15（SBA－15）上，得到了多孔催化剂，苯酚的产率可达 11.9%。为了进一步研究 Fe/g－C_3N_4在苯氧化反应中的催化机理，特别是 Fe 与 g－C_3N_4之间的相互作用，Zhang 等对此进行研究，可见光照射下，进行了介孔g－C_3N_4杂化材料（$FeCl_3$/MPG－C_3N_4）的光催化羟基化反应。通过优化催化剂中 $FeCl_3$的负载量，有效地提高了催化剂的活性，这归因于促进了 Fe^{2+}/Fe^{3+} 的氧化还原循环。具有高比表面积和较大范围有序介孔类型二氧化硅（LUS－1）被用作负载 g－C_3N_4 的载体，以提高其光催化活性。在所制备的 Fe－g－C_3N_4－LUS－1 中，在 LUS－1 的表面形成了单层 g－C_3N_4，在阳光下可获得 16% 的苯酚产率。

研究了 Fe－g－C_3N_4（Fe－CN）/钛硅酸盐分子筛（TS－1）复合材料在可见光照射下催化苯羟基化合成苯酚。结果表明，Fe 掺杂可以提高光催化活性，苯酚的产率分别是单一 Fe－CN 和 TS－1 的 9 倍和 4 倍。考察了金属沉积在 M－CN/TS－1 复合材料中对苯酚生产的影响。结果表明，不同金属沉积催化剂的催化活性大小顺序为：Fe－CN/TS－1 > Cu－CN/TS－1 > Ni－CN/TS－1 > Zn－CN/TS－1 > Co－CN/TS－1。但由于主体与 Fe－CN 客体之间的相互作用较弱，Fe－g－C_3N_4/TS－15和 Fe－CN/TS－1 在反应过程中主客体分离导致催化剂稳定性较差。为了避免这种情况，将二茂铁甲缩醛（Fc－CHO）以共价 C＝N 键固定在介孔石墨化碳氮化物表面，形成稳定的 π－偶联体系。研究表明，CN 基团与 FC 基团之间的协同使施主受体相互作用，不仅能促进激发态电子的分裂，而且还能起到有效的电子化作用。因此，聚合物材料 Fc－MCN 在苯氧化反应中对未修饰的 mpg－C_3N_4和 Fc－CHO 具有良好的光催化性能。在另一项工作中，通过二茂铁甲酸（FC－COOH）与氨基的酰胺化反应，合成了一种新的聚合物 FC－CO－NH－C_3N_4（FC－CN），苯酚产率为 10%。由于其二元结构，聚合物 FC－CN 不仅可以扩大可见光的吸收范围，还可以促进激发载流子在催化剂表面的分离和迁移。

Ding 等证明，g－C_3N_4的电学、光学和催化性质可以通过金属掺杂进行高度调节，包括铁、钴、镍、锰和铜在内的过渡金属通过简单的化学方法加入 g－C_3N_4基质中。在温和条件下，Fe－g－C_3N_4和 Cu－g－C_3N_4在苯羟基化反应中的催化性能均优于 Mn、Ni 和 Co 改性的 g－C_3N_4。此外，还将 Cu－Ag、Cu－Au 和 Au－Pd 等双金属负载到 g－C_3N_4上用于苯的光催化羟基化反应，反应温度显著降低。对于 CuAg@g－C_3N_4，Cu 和 Ag 之间的协同效应被认为对苯的活化和活性·OH 自由基的产生起至关重要的作用。此外，将 Cu 和 Au 纳米粒子负载到具有较大比表面积的 g - C_3N_4上，可以进一步改善金属纳米粒子的整体分散性，从而提高双金属催化剂的催化性能。在这种条件下，苯完全转化为苯酚（高达99%的转化率），没有形成任何副产物。而对于 Au - Pd@ g - C_3N_4，Au - Pd 纳米颗粒被引入 g - C_3N_4，电子从 Au - Pd 纳米颗粒的 HOMO 转移到 g - C_3N_4的 LUMO，这延长了激发电子的寿命，减少了电子 - 空穴复合，从而提高了苯酚的产率和选择性，超过了 Au - Pd@ g - C_3N_4（图 3 - 10）。

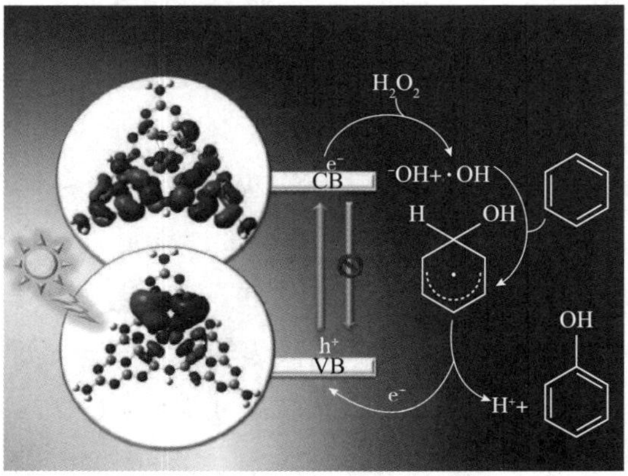

图 3 - 10　在可见光照射下 Au - Pd@g - C_3N_4催化剂对苯进行羟基化反应的机理

在 Basyach 等最近的一项工作中，将 g - C_3N_4与 Ni 掺杂的 $CuWO_4$纳米颗粒混合，制备了 Z 结构的 Ni - $CuWO_4$/g - C_3N_4纳米复合材料。由于 Ni - $CuWO_4$/g - C_3N_4纳米复合材料在特定波长范围内具有较窄的带隙和增强的可见光吸收，光生空穴和电子的复合被最小化，因此在阳光下可以获得比原始的 Ni - $CuWO_4$更高的苯转化率和苯酚产率。尽管上述 g - C_3N_4基光催化剂在苯羟基化反应中表现出较好的催化性能，但由于制备 g - C_3N_4时通常采用尿素为前驱体，产率极低（质量分数 < 10%），限制了其广泛应用（表 3 - 3）。

表 3 - 3　g - C_3N_4基光催化剂对苯羟基化的催化性能

光催化剂	反应条件	苯转化率/%	苯酚选择性/%	苯酚收率/%	参考文献
CNF (50mg)	Xenon lamp λ > 420nm, 0.8mL benzene, 4mL H_2O, 4mL CH_3CN, 0.51mL H_2O_2, 60℃, 4h		16.8		[197]

续表

光催化剂	反应条件	苯转化率/%	苯酚选择性/%	苯酚收率/%	参考文献
Fe – g – C_3N_4/SBA – 15 (50mg)	Xenon lamp λ > 420nm, 0.8mL benzene, 4mL H_2O, 4mL CH_3CN, 0.51mL H_2O_2, 60℃, 4h			11.9	[198]
$FeCl_3$/mpg – C_3N_4 (25mg)	Mercury lamp, 4.5mmol benzene, 2mL H_2O, 2mL CH_3CN, 0.255mL H_2O_2, 60℃	38	97	32.5	[199]
Fe – g – C_3N_4 – LUS – 1 (50mg)	Mercury lamp, 4mL CH_3CN, 1mL benzene, 0.5mL H_2O_2, 60℃, 4h,		98		[199]
Fe – CN/TS – 1 (50mg)	Xenon lamp λ > 420nm, 0.8mL benzene, 4mL H_2O, 4mL CH_3CN, 0.5mL H_2O_2, 60℃, 4h	54	18.4	10	[201]
Fc – MCN (50mg)	Xenon lamp λ > 420nm, 0.8mL benzene, 4mL H_2O, 4mL CH_3CN, 0.51mL H_2O_2, 60℃, 4h	48	34.7	16.5	[202]
Fc – CN (50mg)				16.9	[203]
Fe – g – C_3N_4 (50mg)	Xenon lamp λ > 420nm, 0.8mL benzene, 4mL H_2O, 4mL CH_3CN, 0.51mL H_2O_2, 60℃, 4h	100	8.3	4.8	[204]
Cu – g – C_3N_4 (50mg)		76.7	3.6	1.6	
Ni – g – C_3N_4 (50mg)	Xenon lamp λ > 420nm, 0.8mL benzene, 4mL H_2O, 4mL CH_3CN, 0.51mL H_2O_2, 60℃, 4h	12	1.7	0.11	[204]
Mn – g – C_3N_4 (50mg)		42.9	0.15	0.13	
Co – g – C_3N_4 (50mg)		40.2	0.003	0.02	
Cu – Ag@ g – C_3N_4 (25mg)	Domestic bulb, 1mmol benzene, 5mL CH_3CN, 1.1mmol H_2O_2, RT, 30 min	99			[205]
Cu – Au@ g – C_3N_4 (50mg)	Cool LED bulb, 1mmol benzene, 5mL CH_3CN, 1.1mmol H_2O_2, RT, 30 min	99			[206]
Au – Pd@ g – C_3N_4 (10mg)	Mercury lamp λ > 420nm, 1mL benzene, 5mL CH_3CN, 2mL H_2O_2, 50℃, 2h	26	100	26	[207]
Ni – $CuWO_4$/g – C_3N_4 (20mg)	Natural sunlight, 1mL benzene, 0.2mL H_2O, 0.5mL H_2O_2, 15 min	98.5	81.5	74.3	[208]

3.3.2.4 MOFs 基光催化剂

MOFs 是一大类晶态微介孔杂化材料，由于其大的比表面积、优异的稳定性和均匀的可调空穴而成为引人注目的光催化剂。MOFs 在光照射下会导致电子和空穴的产生，这些电子和空穴可以参与氧化还原反应，尽管其迁移率比半导体的低。2015 年，Wang 等首次开发用于光催化苯羟基化反应的 MOFs，合成了两种水稳定性的 Fe – MOFs：MIL – 100(Fe) 和 MIL – 68(Fe)。电子自旋共振(ESR)和动力学研究表明，Fe – MOFs 中的 Fe – O 团簇在光催化作用下与 H_2O_2通过类似于芬顿反应氧化成自由基。此外，MIL – 100(Fe) 具有优异的光催化性能，表明 MOFs 的微观结构对光催化效率有显著影响。在这项工作的启发下，Xu 等首次以乙二醇为原料制备了纳米级的 MIL – 100(Fe) 粒子。由于其孔洞结构和高比表面积，MIL – 100(Fe) 纳米粒子对过氧化氢活化效率(58.5%)高于MIL – 68(Fe)的。在接下来的工作中，该工作组制备了 Cu^{II} 基金属氧化物用于苯的光催化羟化反应，并提出了芬顿氧化机理：Cu^{II} 基金属氧化物在可见光下发生了激发电荷分离，为 Cu^{2+} 的还原提供了电子，将 Cu^{2+} 还原成 Cu^{+}。在酸性条件下，新生成的 Cu^{2+} 能将 H_2O_2还原为 ·OH 自由基，而 Cu^{+} 被氧化回 Cu^{2+}。根据电子自旋共振研究，生成的 ·OH 自由基是催化过程中所必需的。

近年来，各种后合成化学处理方法被用于 MOFs 的有机功能化。Fang 等通过化学键将 $VO(acac)_2$固定在席夫碱 UIO – 66 – NH_2 – SA 上，制备了一种新型的多相催化剂 UIO – 66 – NH_2 – SA – V。以乙腈和乙酸为溶剂，苯酚选择性为 100%，苯酚产率为 15.3%。UIO – 66 – NH_2 – SA – V 优异的催化性能归功于催化剂中具有高催化活性的钒物种以及负载在催化剂上的分子筛载体与苯分子之间的相互作用。在后来的工作中，将 UIO – 66 – NH_2替换为 NH_2 – IL – 8B(Fe) 制备了高性能的催化剂 NH_2 – IL – B(Fe) – A – V，该催化剂能有效地促进苯在催化剂上的吸附生成苯酚，苯酚的产率进一步提高到 22.2%（表 3 – 4）。

表 3 – 4　MOFs 基光催化剂对苯羟基化的催化性能

光催化剂	反应条件	苯转化率/%	苯酚选择性/%	苯酚收率/%	参考文献
MIL – 100(Fe) (10mg)	Xenon lamp λ > 420nm，0.5mmol benzene，2mL H_2O，2mL CH_3CN，0.375mmol H_2O_2，RT，8h	20.1	98	19.5	[211]

续表

光催化剂	反应条件	苯转化率/%	苯酚选择性/%	苯酚收率/%	参考文献
MIL－100（Fe）（25mg）	Xenon lamp λ > 420nm，1mmol benzene，5mL H_2O，3mL CH_3CN，0.6mmol H_2O_2，RT，3～21h	34.4	98	31.6	[212]
Cu（Ⅱ）MOF（10mg）	LED lamp λ >420nm，1mmol benzene，10mL H_2O，1.25mmol H_2O_2，60℃，10h	29	95	27.4	[213]
UIO－66－NH_2－SA－V（10mg）	Xenon lamp λ >420nm，1mL benzene，5mL CH_3CN，1mL acetic acid，H_2O_2，60℃，4h	15.3	100	15.3	[214]
NH_2－MIL－88B(Fe)－SA－V(30mg)	Visible light，1mL benzene，18mL acetic acid，H_2O_2，60℃，4h	22.5	98.6	22.2	[215]

3.3.2.5 碳材料基光催化剂

碳材料因其独特的性质和高度的稳定性在有机反应中作为载体和催化活性材料显示出广泛的应用。如前所述，与苯相比，苯酚的反应性增加导致苯酚的进一步氧化，这将降低其选择性。在这方面，对苯的高吸附能力和相互作用亲和力是高效光催化剂的关键因素。此外，由于苯羟化反应是典型的从疏水反应物到亲水产物的转化，因此改善催化剂的表面疏水性是提高催化剂对苯吸附能力的一个很有前途的策略。上述催化剂一般都是亲水性的，与苯的相互作用亲和力较弱，阻碍了苯的活化。在这种背景下，开发了几种类型的碳材料，包括多壁碳纳米管、活性炭、石墨烯、还原石墨烯氧化物等，以增加催化剂的疏水性，避免苯酚的进一步降解。

Wang 等将生物质葡萄糖原位掺杂到六方氮化硼(h－BCN)中，制备了三元六方碳氮化硼(h－BCN)纳米片。三元2D h－BCN 纳米片结合了石墨烯和 h－BN 的优点，具有可调的能带，对苯具有独特的吸附性能。在该反应体系中，CH_3CN 相中的苯被强吸附在 h－BCN 表面，而 $FeCl_3$ 和 H_2O_2 均在水相中。在这种情况下，h－BCN 存在于有机相－水相界面，使苯分子在 h－BCN 上保持良好的吸附状态，并有效地与光芬顿反应生成的·OH 反应，提高了苯制备苯酚的转化率。苯酚在 h－BCN上的吸附能力较弱，使苯酚很容易从 h－BCN 表面脱附，然后溶解到有机相中，从而防止苯酚的过度氧化(图 3－11)。

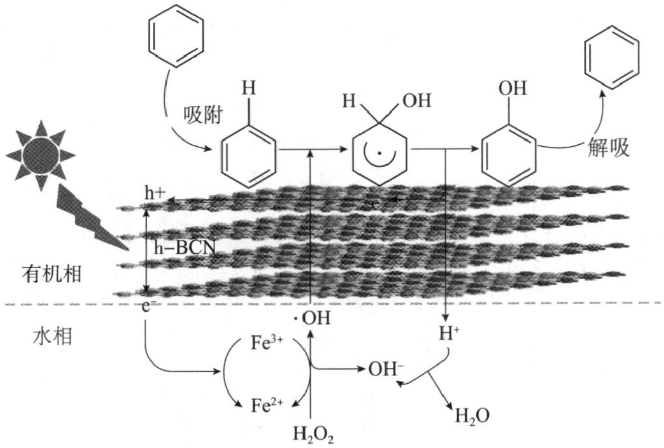

图 3-11　h-BCN 与 $FeCl_3$ 联合光催化羟基化苯的反应机理

石墨烯和 RGO 材料被广泛报道具有显著的光催化活性。Cai 等研究结果表明，通过 RGO 表面润湿性由亲水性转变为疏水性(RGO-Cys)，苯羟基化反应发生在水-苯界面处，实现了苯酚从水相到苯相的快速解吸，从而显著提高了光催化性能。在 He 等的一项研究中，以缺陷石墨烯为载体制备了表面修饰的 Cu_2O，用于苯的选择性光催化羟基化。催化剂的表面疏水性通过烷基硫醇的改性促进了苯的吸附，与未进行表面改性的催化剂相比，大大提高了苯酚的选择性。

将负载了铜的二氧化钛负载于碳纳米管上，提高了苯酚的选择性。铜、二氧化钛和碳纳米管之间的强界面相互作用不仅可以将光吸收扩展到更长的波长，而且还可以提高苯的吸附能力，从而增强羟基自由基与吸附在铜/二氧化钛表面上的苯之间的顺序相互作用。并提出了在铜/二氧化钛/碳纳米管上光催化苯氧化的机理，其中包括以下过程：碳纳米管的光激发电子转移到二氧化钛的 CB 中，使其能够产生高活性的过氧化氢自由基；带正电的碳纳米管可以从二氧化钛的 VB 中捕获电子，并为水中的·OH 自由基保留孔洞(图 3-12)。

尖晶石锌铁氧化物(ZFO)也通过光-芬顿路线显示出对过氧化氢活化的催化行为。然而，快速的电荷复合、不可避免的金属浸出以及亲水性的表面结构极大地限制了其催化性能。Yang 等用超薄的碳对尖晶石 ZFO@C 进行了包覆，不仅保护了 ZFO@C 免受腐蚀和金属浸出，而且增加了对苯分子的表面亲和力。具有 π-共轭电子体系的疏水碳有利于苯的吸附而不是苯酚的吸附，从而促进苯转化为苯酚(图 3-13)。

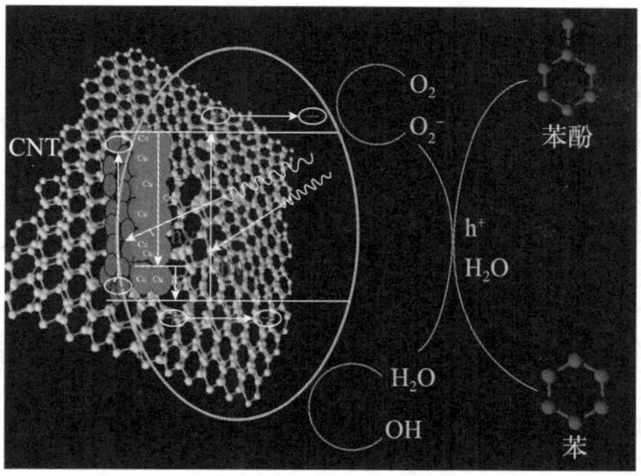

图 3-12 铜/二氧化钛/碳纳米管催化剂光催化苯氧化生成苯酚的机理

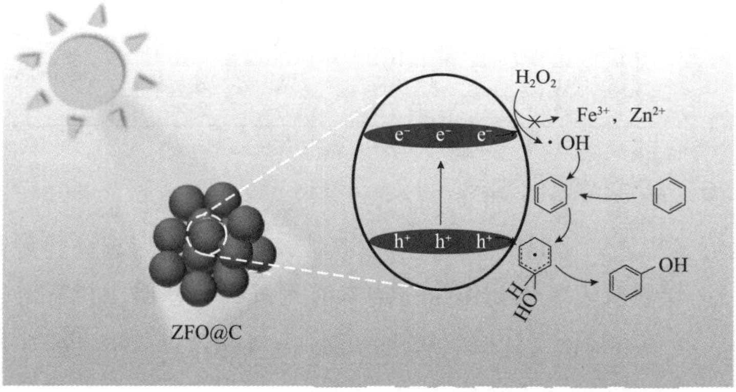

图 3-13 苯在 ZFO@C 上光催化羟基化为苯酚

最近，利用 N-掺杂的碳层包裹铁纳米粒子(Fe@NC)来功能化含铁的光催化苯羟基化催化剂，这得益于其独特的核-壳纳米结构以及铁和碳之间强烈的主-客体电子相互作用。由于具有良好的耐酸腐蚀稳定性和硬质碳壳的疏水表面性质，合成的 Fe@NC 促进了苯的吸附，并表现出优异的催化耐久性和高选择性(表 3-5)。

表 3-5 碳材料基光催化剂对苯羟基化的催化性能

光催化剂	反应条件	苯转化率/%	苯酚选择性/%	苯酚收率/%	参考文献
h-BCN (50mg)	Xenon lamp λ > 420nm, 0.8mL benzene, 4mL $FeCl_3$ (aq), 4mL CH_3CN, 0.5mL H_2O_2, 60℃, 2h	16	88.3	14	[217]

续表

光催化剂	反应条件	苯转化率/%	苯酚选择性/%	苯酚收率/%	参考文献
RGO - Cys (60mg)	LED lamp, 5mmol benzene, 25mL H_2O, 5mmol H_2O_2, 60℃, 20h	1	87	0.91	[220]
Cu_2O/dG (5mg)	ED lamp, 1mmol benzene, 5mL H_2O, 1mmol H_2O_2, 25℃, 16h	61.8	1.99	1.22	[221]
Cu/Ti/CNT (100mg)	Mercury lamp UV - vis, 20mL benzene, 20mL H_2O, 1mmol H_2O_2, 70℃	68.3	75.8	51.8	[222]
ZFO@C (30mg)	Xenon lamp λ > 420nm, 0.1mL benzene, 3mL CH_3CN, 3mL H_2O, 0.5mL H_2O_2, RT	16	99.4	15.5	[224]
Fe@NC (30mg)	0.25mL benzene, 3mL H_2O, 3mL CH_3CN, 2mL H_2O_2, 60℃, 12h	16	95	14.5	[225]

3.3.2.6 其他光催化剂

除了上述多相光催化剂外，还开发了其他类型的材料以提高苯羟基的催化性能(表3-6)。层状双氢氧化物作为一类二维无机层状基质，与特定的光活性锌钛离子复合，制备了锌钛层状双氢氧化物(ZnTi-LDH)，苯酚选择性达87.18%。采用能带结构剪裁和缺陷工程的方法，使ZnTi-LDH的VB位与苯的氧化电势相匹配，充分的氧空位(VO)有利于提高电子-空穴分离效率和超氧阴离子(O^{2-})的生成，从而获得优异的催化性能。由于过渡金属络合物，尤其是铁的络合物被认为是各种氧化反应的高性能催化剂，一种含Fe(Ⅱ)和Ru(Ⅱ)的氰基-桥联多核金属络合物被报道为Sal-MCM-41($[Fe(H_2O)_3]_2[Ru(CN)_6]$@Sal-MCM-41)和Fe(Ⅱ)酞菁的多相光催化剂，其催化性能与贵金属催化剂相当(表3-6)。

表3-6 其他光催化剂对苯羟基化的催化性能

光催化剂	反应条件	苯转化率/%	苯酚选择性/%	苯酚收率/%	参考文献
FePc (30mg)	mercury lamp, 1mL benzene, 3mL H_2O_2, 5mL CH_3CN, RT, 6h	15	99	15.2	[226]
ZnTi - LDH (20mg)	Xe lamp λ > 420nm, 0.2mmol benzene, 1 atm air, 20mL H_2O, 3h, 48℃	5.7	87.18	5	[227]

续表

光催化剂	反应条件	苯转化率/%	苯酚选择性/%	苯酚收率/%	参考文献
$[Fe(H_2O)_3]_2[Ru(CN)_6]$ (5mg)	λ > 390nm, 2.5mL CH_3CN, 0.40mL benzene, 0.40mL H_2O_2, 50℃	61.28			[228]

苯的光催化氧化具有合成苯酚的几个明显优点，显示出良好的应用前景。充分证明，光催化剂的效率在很大程度上依赖于其固有特性，通过适当的修饰可以选择性地调节这些特性，而物理、化学性质的轻微变化可能会导致光催化活性的显著下降。因此，设计和制备一种高选择性、高效率的光催化剂对苯选择性氧化至关重要。以上总结了半导体、POMs、g－C_3N_4、MOFs、碳材料等多相光催化剂的研究进展，这些光催化剂表现出显著的苯转化率和苯酚选择性。然而，与光催化剂相关的一些挑战仍然有待解决。首先，多相光催化剂的性能通常受到与其均相对应的低催化活性的限制。此外，一些实用的合成方法非常复杂，很难扩展。其次，还应考虑金属掺杂多相光催化剂中活性组分不可避免的流失问题。因此，开发简单、稳定、高效，尤其是成本低廉的多相催化剂用于工业应用是非常有必要的。在这方面，迫切需要探索新的、简便的催化剂改性方法，以提高苯的吸附能力和光催化活性。最后，对催化机理的新认识也将是必要的，这将为设计和制备更具特色和更优良的可见光响应型苯羟基化催化剂提供启发，这有望在工业苯酚生产中有许多潜在的应用。

参考文献

[1]柳美辰．TiO_2基催化剂的构筑及其电催化性能的研究[D]．马鞍山：安徽工业大学，2021.

[2]唐超宛．光子晶体复合材料的设计及其光催化性能研究[D]．福州：福州大学，2018.

[3]万俊．高效可见光催化剂的构建及催化增强机理研究[D]．西安：西北大学，2018.

[4]张文潇．氯氧化铋光催化剂的制备及其降解有机污染物的研究[D]．青岛：青岛科技大学，2022.

[5]韩梅．碳点/氮化碳杂化光催化剂的设计合成与构效关系研究[D]．长春：吉林大学，2022.

[6]张冬梅．可回收 TiO_2及 ZnO 纳米复合光催化剂的制备及其光催化降解性能的研究[D]．大连：大连理工大学，2021.

[7]赵莹莹．TiO_2、ZnO 基异质结催化剂的催化降解性能研究[D]．长春：吉林大学，2021.

[8]徐飞燕. TiO_2纳米纤维基异质结的构建及光催化性能增强机制研究[D]. 武汉：武汉理工大学，2019.
[9]李浩杰. 多元调控金属-半导体催化剂协同催化氨硼烷水解产氢特性及影响因素研究[D]. 重庆：重庆大学，2021.
[10]张若愚. 石墨相氮化碳基光催化材料的性能调控及第一性原理研究[D]. 西安：西北大学，2020.
[11]赵飞. 二维半导体光催化剂的第一性原理设计[D]. 长春：吉林大学，2021.
[12]张国强. 金属掺杂 TiO_2 和钨酸铋的制备、表征及其光催化性能研究[D]. 济南：山东大学，2010.
[13]向洁. 种子层辅助生长 $\alpha-Fe_2O_3/Bi_2S_3$复合薄膜及其光电化学性能研究[D]. 湘潭：湘潭大学，2021.
[14]时继东. TiO_2纳米管光电催化性能及处理船舶压载水中典型微藻的研究[D]. 上海：上海海事大学，2021.
[15]韩晓晶. 非贵金属助催化剂提高 TiO_2光—热协同催化制氢性能研究[D]. 西安：陕西科技大学，2021.
[16]陈范云. 单 Z 型 $ZnTiO_3/Zn_2Ti_3O_8/ZnO$ 异质结的构建及其光催化性能研究[D]. 赣州：江西理工大学，2020.
[17]郝蓉. 异质结构 TiO_2 复合体的构建及光催化制氢性能研究[D]. 哈尔滨：黑龙江大学，2016.
[18]王聪宇. TiO_2基复合材料在可见光下对气态乙醛的降解特性研究[D]. 合肥：中国科学院大学(中国科学院上海硅酸盐研究所)，2021.
[19]马晓玉. TiO_2纳米材料的改性及其光催化 CO_2还原与 VOCs 降解性能的研究[D]. 兰州：西北师范大学，2020.
[20]孙智广. 无定形 TiO_2 与其负载的等离子体活化纳米金光催化剂[D]. 大连：大连理工大学，2019.
[21]赵晨. MOFs/富铋型卤氧化铋异质结的制备与光催化性能研究[D]. 北京：北京化工大学，2020.
[22]张雯. Pt/TiO_2光催化降解苯的磁场效应[D]. 福州：福州大学，2004.
[23]杨莉莉. 新型半导体表面增强拉曼散射(SERS)衬底的制备及其表面协同共振效应研究[D]. 合肥：中国科学院大学(中国科学院上海硅酸盐研究所)，2020.
[24]彭博. 低维纳米材料发光机制的研究[D]. 上海：华东师范大学，2022.
[25]华红峰. 基于铋铁氧体 Z 型异质结光催化剂的制备及性能研究[D]. 南京：南京邮电大学，2021.
[26]余鹏. 二维金属硫代磷酸盐的合成和光催化析氢性能研究[D]. 北京：中国地质大

学，2021.

[27]贾广日．新型光催化剂的可控制备及光催化析氢研究[D]．长春：吉林大学，2021.

[28]熊玉立．基于金属氧/硫化物半导体异质结设计及其光电催化性能研究[D]．重庆：重庆大学，2021.

[29]刘畅飞．金属－有机骨架硫化衍生材料的制备及其光催化产氢性能研究[D]．北京：北京化工大学，2021.

[30]Jeong B，Kim D H，Park E J，et al. ZnO shell on mesoporous silica by atomic layer deposition：removal of organic dye in water by an adsorbent and its photocatalytic regeneration [J]. Applied Surface Science，2014，307：468－474.

[31]Ong W L，Natarajan S，Kloostra B，et al. Metal nanoparticle－loaded hierarchically assembled ZnO nanoflakes for enhanced photocatalytic performance [J]. Nanoscale，2013，5(12)：5568－5575.

[32]Anpo M，Takeuchi M. The design and development of highly reactive titanium oxide photocatalysts operating under visible light irradiation[J]. Journal of Catalysis，2003，216(1/2)：505－516.

[33]赵丽珠．二氧化钛复合改性及其光催化降解有机物[D]．济南：济南大学，2021.

[34]张柯凡．掺杂二氧化钛纳米线的可控制备及其光电探测应用[D]．西安：西安电子科技大学，2021.

[35]李凡修．超声/微波辅助制备纳米 TiO_2 及光催化性能研究[D]．武汉：华中科技大学，2008.

[36]宋梦茜．氧化锌复合光催化材料对水体中环丙沙星的降解研究[D]．兰州：兰州大学，2022.

[37]张雯，张华集，彭亦如．TiO_2 半导体光催化剂的改性技术[J]．福建师范大学学报：自然科学版，2005(4)：119－122.

[38]牛淑云，彭鲲，寇瑾．纳米光电材料研究简介[J]．辽宁师范大学学报：自然科学版，2003(1)：63－67.

[39]Zhong D，Liu W，Tan P，et al. Insights into the synergy effect of anisotropic {001} and {230} facets of $BaTiO_3$ nanocubes sensitized with CdSe quantum dots for photocatalytic water reduction [J]. Applied Catalysis B－environmental，2018，227：1－12.

[40]Yin M，Zhang W，Li H，et al. Insight into the factors influencing the photocatalytic H_2 evolution performance of molybdenum sulfide[J]. New Journal of Chemistry，2019，43(3)：1230－1237.

[41]Zhang H，Trout W S，Liu S，et al. Rapid bioorthogonal chemistry turn－on through enzymatic or long wavelength photocatalytic activation of tetrazine ligation[J]. Journal of the American Chemical Society，2016，138(18)：5978－5983.

[42]毕祥．二氧化钛基和氧化锌基半导体光催化剂的制备与性能研究[D]．西安：陕西科技大

学，2021.
[43] Oosawa Y，Grätzel M. Effect of surface hydroxyl density on photocatalytic oxygen generation in aqueous TiO_2 suspensions[J]. Journal of the Chemical Society，Faraday Transactions 1：Physical Chemistry in Condensed Phases，1988，84(1)：197－205.
[44] 刘莹洁. 贵金属纳米复合材料的制备及光电化学性质研究[D]. 济南：济南大学，2021.
[45] Lu Q，Wei Z，Li C，et al. Photocatalytic degradation of methyl orange by noble metal Ag modified semiconductor Zn_2SnO_4 [J]. Materials Science In Semiconductor Processing，2022，138：106290.
[46] Kriegel I，Scotognella F，Manna L. Plasmonic doped semiconductor nanocrystals：Properties，fabrication，applications and perspectives[J]. Physics Reports，2017，674：1－52.
[47] Bumajdad A，Madkour M. Understanding the superior photocatalytic activity of noble metals modified titania under UV and visible light irradiation[J]. Physical Chemistry Chemical Physics，2014，16(16)：7146－7158.
[48] Kong L，Jiang Z，Lai H H C，et al. Does noble metal modification improve the photocatalytic activity of BiOCl [J]. Progress In Natural Science－materials International，2013，23(3)：286－293.
[49] Low J，Yu J，Jaroniec M，et al. Heterojunction photocatalysts[J]. Advanced Materials，2017，29(20)：1601694.
[50] Yu J C，Yu J，Ho W，et al. Effects of F^- doping on the photocatalytic activity and microstructures of nanocrystalline TiO_2 powders[J]. Chemistry of Materials，2002，14(9)：3808－3816.
[51] Yu J G，Yu H G，Cheng B，et al. The effect of calcination temperature on the surface microstructure and photocatalytic activity of TiO_2 thin films prepared by liquid phase deposition [J]. Journal of Physical Chemistry B，2003，107(50)：13871－13879.
[52] Dai G，Yu J，Liu G. Synthesis and enhanced visible－light photoelectrocatalytic activity of p－n junction BiOI/TiO_2 nanotube arrays [J]. Journal of Physical Chemistry C，2011，115(15)：7339－7346.
[53] Zhang J，Qiao S，Qi L，et al. Fabrication of NiS modified CdS nanorod p－n junction photocatalysts with enhanced visible－light photocatalytic H_2－production activity[J]. Physical Chemistry Chemical Physics，2013，15(29)：12088－12094.
[54] Yu J，Low J，Xiao W，et al. Enhanced photocatalytic CO_2－reduction activity of anatase TiO_2 by coexposed {001} and {101} facets[J]. Journal of the American Chemical Society，2014，136(25)：8839－8842.
[55] Akple M S，Low J，Qin Z，et al. Nitrogen－doped TiO_2 microsheets with enhanced visible light photocatalytic activity for CO_2 reduction [J]. Chinese Journal of Catalysis，2015，36(12)：

2127 – 2134.

[56] Yu J, Wang S, Low J, et al. Enhanced photocatalytic performance of direct Z – scheme g – C_3N_4 – TiO_2 photocatalysts for the decomposition of formaldehyde in air[J]. Physical Chemistry Chemical Physics, 2013, 15(39): 16883 – 16890.

[57] Xu D, Cheng B, Cao S, et al. Enhanced photocatalytic activity and stability of Z – scheme Ag_2CrO_4 – GO composite photocatalysts for organic pollutant degradation[J]. Applied Catalysis B – environmental, 2015, 164: 380 – 388.

[58] Li Q, Guo B, Yu J, et al. Highly efficient visible – light – driven photocatalytic hydrogen production of CdS – cluster – decorated graphene nanosheets[J]. Journal of the American Chemical Society, 2011, 133(28): 10878 – 10884.

[59] Xiang Q, Yu J, Jaroniec M. Enhanced photocatalytic H_2 – production activity of graphene – modified titania nanosheets[J]. Nanoscale, 2011, 3(9): 3670 – 3678.

[60] Vinodgopal K, Kamat P V. Enhanced rates of photocatalytic degradation of an azo dye using SnO_2/TiO_2 coupled semiconductor thin films[J]. Environmental Science & Technology, 1995, 29(3): 841 – 845.

[61] Ranjit K T, Viswanathan B. Synthesis, characterization and photocatalytic properties of iron – doped TiO_2 catalysts[J]. Journal of Photochemistry and Photobiology A – Chemistry, 1997, 108(1): 79 – 84.

[62] Zhou H, Qu Y, Zeid T, et al. Towards highly efficient photocatalysts using semiconductor nanoarchitectures[J]. Energy & Environmental Science, 2012, 5(5): 6732 – 6743.

[63] Marschall R. Photocatalysis: Semiconductor Composites: Strategies for Enhancing Charge Carrier Separation to Improve Photocatalytic Activity (Adv. Funct. Mater. 17/2014)[J]. Advanced Functional Materials, 2014, 24(17): 2420.

[64] Moniz S J A, Shevlin S A, Martin D J, et al. Visible – light driven heterojunction photocatalysts for water splitting – a critical review[J]. Energy & Environmental Science, 2015, 8(3): 731 – 759.

[65] Hyun J K, Zhang S, Lauhon L J. Nanowire heterostructures[J]. Annual Review Of Materials Research, 2013, 43: 451 – 479.

[66] Yang G, Yan W, Zhang Q, et al. One – dimensional CdS/ZnO core/shell nanofibers via single – spinneret electrospinning: tunable morphology and efficient photocatalytic hydrogen production[J]. Nanoscale, 2013, 5(24): 12432 – 12439.

[67] Yuan Y P, Ruan L W, Barber J, et al. Hetero – nanostructured suspended photocatalysts for solar – to – fuel conversion[J]. Energy & Environmental Science, 2014, 7(12): 3934 – 3951.

[68] Li L, Salvador P A, Rohrer G S. Photocatalysts with internal electric fields[J]. Nanoscale,

2014, 6(1): 24-42.

[69] Jiang D, Li X. Advanced photocatalysts with nanoheterostructures[J]. Materials Focus, 2015, 4(1): 14-19.

[70] Ye L, Liu J, Tian L, et al. The replacement of {101} by {010} facets inhibits the photocatalytic activity of anatase TiO_2[J]. Applied Catalysis B-environmental, 2013, 134: 60-65.

[71] He Z, Shi Y, Gao C, et al. BiOCl/$BiVO_4$ p-n heterojunction with enhanced photocatalytic activity under visible-light irradiation[J]. Journal of Physical Chemistry C, 2014, 118(1): 389-398.

[72] Shi W, Chopra N. Nanoscale heterostructures for photoelectrochemical water splitting and photodegradation of pollutants[J]. Nano Energy, 2013, 2(3): 158-178.

[73] Chen S, Zhao W, Liu W, et al. Preparation, characterization and activity evaluation of p-n junction photocatalyst p-ZnO/n-TiO_2[J]. Applied Surface Science, 2008, 255(5): 2478-2484.

[74] Yu J, Wang S, Cheng B, et al. Noble metal-free $Ni(OH)_2$-g-C_3N_4 composite photocatalyst with enhanced visible-light photocatalytic H_2-production activity[J]. Catalysis Science & Technology, 2013, 3(7): 1782-1789.

[75] Yu J, Low J, Xiao W, et al. Enhanced photocatalytic CO_2-reduction activity of anatase TiO_2 by coexposed {001} and {101} facets[J]. Journal of the American Chemical Society, 2014, 136(25): 8839-8842.

[76] Akple M S, Low J, Qin Z, et al. Nitrogen-doped TiO_2 microsheets with enhanced visible light photocatalytic activity for CO_2 reduction[J]. Chinese Journal of Catalysis, 2015, 36(12): 2127-2134.

[77] Gao S, Wang W, Ni Y, et al. Facet-dependent photocatalytic mechanisms of anatase TiO_2: A new sight on the self-adjusted surface heterojunction[J]. Journal of Alloys and Compounds, 2015, 647: 981-988.

[78] Sajan C P, Wageh S, Al-Ghamdi A, et al. TiO_2 nanosheets with exposed {001} facets for photocatalytic applications[J]. Nano Research, 2016, 9(1): 3-27.

[79] Zhou K, Li Y. Catalysis based on nanocrystals with well-defined facets[J]. Angewandte Chemie International Edition, 2012, 51(3): 602-613.

[80] Lin H, Li L, Zhao M, et al. Synthesis of high-quality brookite TiO_2 single-crystalline nanosheets with specific facets exposed: tuning catalysts from inert to highly reactive[J]. Journal of the American Chemical Society, 2012, 134(20): 8328-8331.

[81] Zheng Z, Huang B, Lu J, et al. Hierarchical TiO_2 microspheres: synergetic effect of {001} and {101} facets for enhanced photocatalytic activity[J]. Chemistry-A European Journal, 2011, 17

(52): 15032 - 15038.

[82] Guo M, Li L, Lin H, et al. Targeted deposition of ZnO_2 on brookite TiO_2 nanorods towards high photocatalytic activity[J]. Chemical Communications, 2013, 49(100): 11752 - 11754.

[83] Liu G, Yang H G, Pan J, et al. Titanium dioxide crystals with tailored facets[J]. Chemical Reviews, 2014, 114(19): 9559 - 9612.

[84] Bard A J. Photoelectrochemistry and heterogeneous photo - catalysis at semiconductors [J]. Journal of Photochemistry, 1979, 10(1): 59 - 75.

[85] Tada H, Jin Q, Nishijima H, et al. Titanium (Ⅳ) dioxide surface - modified with iron oxide as a visible light photocatalyst [J]. Angewandte Chemie International Edition, 2011, 50(15): 3501 - 3505.

[86] Wang H, Ye Z, Liu C, et al. Visible light driven $Ag/Ag_3PO_4/Ac$ photocatalyst with highly enhanced photodegradation of tetracycline antibiotics[J]. Applied Surface Science, 2015, 353: 391 - 399.

[87] Xia D, Li Y, Huang G, et al. Visible - light - driven inactivation of Escherichia coli K - 12 over thermal treated natural pyrrhotite [J]. Applied Catalysis B - environmental, 2015, 176: 749 - 756.

[88] Novoselov K S, Geim A K, Morozov S V, et al. Electric field effect in atomically thin carbon films[J]. Science, 2004, 306(5696): 666 - 669.

[89] Li X, Lv Z, Zhu H. Carbon/silicon heterojunction solar cells: state of the art and prospects [J]. Advanced Materials, 2015, 27(42): 6549 - 6574.

[90] Yang Z, Ren J, Zhang Z, et al. Recent advancement of nanostructured carbon for energy applications[J]. Chemical Reviews, 2015, 115(11): 5159 - 5223.

[91] Batmunkh M, Biggs M J, Shapter J G. Carbonaceous Dye - Sensitized Solar Cell Photoelectrodes [J]. Advanced Science, 2015, 2(3): 1400025.

[92] Bonaccorso F, Colombo L, Yu G, et al. Graphene, related two - dimensional crystals, and hybrid systems for energy conversion and storage[J]. Science, 2015, 347(6217): 1246501.

[93] Choi H J, Jung S M, Seo J M, et al. Graphene for energy conversion and storage in fuel cells and supercapacitors[J]. Nano Energy, 2012, 1(4): 534 - 551.

[94] Jo J W, Lee J U, Jo W H. Graphene - based electrodes for flexible electronics[J]. Polymer International, 2015, 64(12): 1676 - 1684.

[95] Gao N, Fang X. Synthesis and development of graphene - inorganic semiconductor nanocomposites [J]. Chemical Reviews, 2015, 115(16): 8294 - 8343.

[96] Yeh T F, Teng C Y, Chen L C, et al. Graphene oxide - based nanomaterials for efficient photoenergy conversion[J]. Journal Of Materials Chemistry A, 2016, 4(6): 2014 - 2048.

[97] Low J, Yu J, Ho W. Graphene – based photocatalysts for CO_2 reduction to solar fuel [J]. Chemistry Letters, 2015, 6(21): 4244 – 4251.

[98] Xiang Q, Cheng B, Yu J. Graphene – based photocatalysts for solar – fuel generation [J]. Angewandte Chemie International Edition, 2015, 54(39): 11350 – 11366.

[99] Zhang H, Lv X, Li Y, et al. P25 – graphene composite as a high performance photocatalyst [J]. Angwandte Chemie International Edition, 2010, 4(1): 380 – 386.

[100] Li Q, Guo B, Yu J, et al. Highly efficient visible – light – driven photocatalytic hydrogen production of CdS – cluster – decorated graphene nanosheets [J]. Journal of the American Chemical Society, 2011, 133(28): 10878 – 10884.

[101] Zhang J, Qi L, Ran J, et al. Ternary NiS/ZnxCd1 – xS/reduced graphene oxide nanocomposites for enhanced solar photocatalytic H_2 – production activity [J]. Advanced Energy Materials, 2014, 4(10): 1301925.

[102] Tran P D, Batabyal S K, Pramana S S, et al. A cuprous oxide – reduced graphene oxide (Cu_2O – rGO) composite photocatalyst for hydrogen generation: employing rGO as an electron acceptor to enhance the photocatalytic activity and stability of Cu_2O [J]. Nanoscale, 2012, 4 (13): 3875 – 3878.

[103] An X, Li K, Tang J. Cu_2O/reduced graphene oxide composites for the photocatalytic conversion of CO_2 [J]. ChemSusChem, 2014, 7(4): 1086 – 1093.

[104] Liao G, Chen S, Quan X, et al. Graphene oxide modified g – C_3N_4 hybrid with enhanced photocatalytic capability under visible light irradiation [J]. Journal of Materials Chemistry A, 2012, 22(6): 2721 – 2726.

[105] Gao E, Wang W, Shang M, et al. Synthesis and enhanced photocatalytic performance of graphene – Bi_2WO_6 composite [J]. Physical Chemistry Chemical Physics, 2011, 13 (7): 2887 – 2893.

[106] Ramesha G K, Kumara A V, Muralidhara H B, et al. Graphene and graphene oxide as effective adsorbents toward anionic and cationic dyes [J]. Journal of Colloid and Interface Science, 2011, 361(1): 270 – 277.

[107] Fu Y, Chen H, Sun X, et al. Combination of cobalt ferrite and graphene: high – performance and recyclable visible – light photocatalysis [J]. Applied Catalysis B – environmental, 2012, 111: 280 – 287.

[108] Falconer J L, Magrini – Bair K A. Photocatalytic and thermal catalytic oxidation of acetaldehyde on Pt/TiO_2 [J]. Journal of Catalysis, 1998, 179(1): 171 – 178.

[109] Obee T N, Brown R T. TiO_2 photocatalysis for indoor air applications: effects of humidity and trace contaminant levels on the oxidation rates of formaldehyde, toluene, and 1, 3 – butadiene

[J]. Environmental Science & Technology, 1995, 29(5): 1223 – 1231.

[110] Obee T N, Hay S O. Effects of moisture and temperature on the photooxidation of ethylene on titania[J]. Environmental Science & Technology, 1997, 31(7): 2034 – 2038.

[111] Blake N R, Griffin G L. Selectivity control during the photoassisted oxidation of 1 – butanol on titanium dioxide[J]. Journal of Physical Chemistry A, 1988, 92(20): 5697 – 5701.

[112] Kennedy Ⅲ J C, Datye A K. Photothermal heterogeneous oxidation of ethanol over Pt/TiO_2[J]. Journal of Catalysis, 1998, 179(2): 375 – 389.

[113] Zhang W, Wang X, Fu X. Study of magnetic field effect on photocatalytic degradation of benzene over Pt/TiO_2[J]. Acta Chimica Sinica, 2005, 63(8): 715 – 719.

[114] Vinodgopal K, Hotchandani S, Kamat P V. Electrochemically assisted photocatalysis: titania particulate film electrodes for photocatalytic degradation of 4 – chlorophenol[J]. Journal of Physical Chemistry A, 1993, 97(35): 9040 – 9044.

[115] Butterfield I M, Christensen P A, Curtis T P, et al. Water disinfection using an immobilised titanium dioxide film in a photochemical reactor with electric field enhancement[J]. Water Research, 1997, 31(3): 675 – 677.

[116] Církva V, Hájek M. Microwave photochemistry. Photoinitiated radical addition of tetrahydrofuran to perfluorohexylethene under microwave irradiation[J]. Journal of Photochemistry and Photobiology A – Chemistry, 1999, 123(1 – 3): 21 – 23.

[117] Klán P, Literák J. Temperature dependent solvent effects in photochemistry of 1 – phenylpentan – 1 – ones[J]. Collection of Czechoslovak Chemical Communications, 1999, 64(12): 2007 – 2018.

[118] Horikoshi S, Saitou A, Hidaka H, et al. Environmental remediation by an integrated microwave/UV illumination method. V. Thermal and nonthermal effects of microwave radiation on the photocatalyst and on the photodegradation of rhodamine – B under UV/Vis radiation[J]. Environmental Science & Technology, 2003, 37(24): 5813 – 5822.

[119] Horikoshi S, Hidaka H, Serpone N. Environmental remediation by an integrated microwave/UV – illumination technique: Ⅳ. Non – thermal effects in the microwave – assisted degradation of 2, 4 – dichlorophenoxyacetic acid in UV – irradiated TiO_2/H_2O dispersions[J]. Journal of Photochemistry and Photobiology A – Chemistry, 2003, 159(3): 289 – 300.

[120] Booske J H, Cooper R F, Dobson I. Mechanisms for nonthermal effects on ionic mobility during microwave processing of crystalline solids[J]. Journal of Materials Research, 1992, 7(2): 495 – 501.

[121] Kataoka S, Tompkins D T, Zeltner W A, et al. Photocatalytic oxidation in the presence of microwave irradiation: observations with ethylene and water[J]. Journal of Photochemistry and Photobiology A – Chemistry, 2002, 148(1/3): 323 – 330.

[122] Hyeon T H. Fang MM and Suslick KS [J]. Journal of the American Chemical Society, 1996: 118.

[123] Mason T. J. Sonochemistry: current trends and future prospects[M]//Current Trends in Sonochemistry. Royal Society of Chemistry, 1992: 168 – 178.

[124] Petrier C, David B, Laguian S. Ultrasonic degradation at 20kHz and 500kHz of atrazine and pentachlorophenol in aqueous solution: preliminary results[J]. Chemosphere, 1996, 32(9): 1709 – 1718.

[125] Mukarakate C, McBrayer J D, Evans T J, et al. Catalytic fast pyrolysis of biomass: the reactions of water and aromatic intermediates produces phenols[J]. Green Chemistry, 2015, 17(8): 4217 – 4227.

[126] He J, Zhang M, Primo A, et al. Selective photocatalytic benzene hydroxylation to phenol using surface – modified Cu_2O supported on graphene[J]. Journal of Materials Chemistry A, 2018, 6(40): 19782 – 19787.

[127] 施晓琪. 微反应器中光催化氧化制备苯酚的研究[D]. 淮安: 淮阴工学院, 2021.

[128] Li J, Xu Y, Ding Z, et al. Photocatalytic selective oxidation of benzene to phenol in water over layered double hydroxide: A thermodynamic and kinetic perspective[J]. Chemical Engineering Journal, 2020, 388: 124248.

[129] Peng J, Shi F, Gu Y, et al. Highly selective and green aqueous – ionic liquid biphasic hydroxylation of benzene to phenol with hydrogen peroxide[J]. Green Chemistry, 2003, 5(2): 224 – 226.

[130] Nomiya K, Yagishita K, Nemoto Y, et al. Functional action of Keggin – type mono – vanadium (V) – substituted heteropolymolybdate as a single species on catalytic hydroxylation of benzene in the presence of hydrogen peroxide[J]. Journal Of Molecular Catalysis A – chemical, 1997, 126(1): 43 – 53.

[131] Jiang W, Zhu W, Li H, et al. Mechanism and optimization for oxidative desulfurization of fuels catalyzed by Fenton – like catalysts in hydrophobic ionic liquid[J]. Journal Of Molecular Catalysis A – chemical, 2014, 382: 8 – 14.

[132] Anandababu K, Muthuramalingam S, Velusamy M, et al. Single – step benzene hydroxylation by cobalt (Ⅱ) catalysts via a cobalt (Ⅲ) – hydroperoxo intermediate[J]. Catalysis Science & Technology, 2020, 10(8): 2540 – 2548.

[133] Muthuramalingam S, Anandababu K, Velusamy M, et al. One step phenol synthesis from benzene catalysed by nickel (Ⅱ) complexes[J]. Catalysis Science & Technology, 2019, 9(21): 5991 – 6001.

[134] You X L, Wei Z H, Wang H L, et al. Synthesis of two copper clusters and their catalysis

towards the oxidation of benzene into phenol[J]. Royal Society of Chemistry Advances, 2014, 4(106): 61790-61798.

[135] Kulakova A N, Bilyachenko A N, Levitsky M M, et al. $Si_{10}Cu_6N_4$ cage hexacoppersilsesquioxanes containing N ligands: Synthesis, structure, and high catalytic activity in peroxide oxidations[J]. Inorganic Chemistry, 2017, 56(24): 15026-15040.

[136] Tsuji T, Zaoputra A A, Hitomi Y, et al. Specific enhancement of catalytic activity by a dicopper core: selective hydroxylation of benzene to phenol with hydrogen peroxide [J]. Angewandte Chemie International Edition, 2017, 56(27): 7779-7782.

[137] Conde A, Diaz-Requejo M M, Pérez P. J. Direct, copper-catalyzed oxidation of aromatic C-H bonds with hydrogen peroxide under acid-free conditions[J]. Chemical Communications, 2011, 47(28): 8154-8156.

[138] Kumari S, Muthuramalingam S, Dhara A K, et al. Cu(Ⅰ) complexes obtained via spontaneous reduction of Cu(Ⅱ) complexes supported by designed bidentate ligands: bioinspired Cu(Ⅰ) based catalysts for aromatic hydroxylation[J]. Dalton Transactions, 2020, 49(39): 13829-13839.

[139] Kudrik E V, Sorokin A B. N-Bridged Diiron Phthalocyanine Catalyzes Oxidation of Benzene with H_2O_2 via Benzene Oxide with NIH Shift Evidenced by Using 1, 3, 5-[D_3] Benzene as a Probe[J]. Chemistry-A European Journal, 2008, 14(24): 7123-7126.

[140] Raba A, Cokoja M, Herrmann W A, et al. Catalytic hydroxylation of benzene and toluene by an iron complex bearing a chelating di-pyridyl-di-NHC ligand[J]. Chemical Communications, 2014, 50(78): 11454-11457.

[141] Ramu R, Wanna W H, Janmanchi D, et al. Mechanistic study for the selective oxidation of benzene and toluene catalyzed by $Fe(ClO_4)_2$ in an H_2O_2-H_2O-CH_3CN system [J]. Molecular Catalysis, 2017, 441: 114-121.

[142] Yalymov A I, Bilyachenko A N, Levitsky M M, et al. High catalytic activity of heterometallic (Fe_6Na_7 and Fe_6Na_6) cage silsesquioxanes in oxidations with peroxides[J]. Catalysts, 2017, 7(4): 101.

[143] Gu Y, Li Q, Zang D, et al. Light-Induced Efficient Hydroxylation of Benzene to Phenol by Quinolinium and Polyoxovanadate-Based Supramolecular Catalysts[J]. Angewandte Chemie International Edition, 2021, 60(24): 13310-13316.

[144] Vinogradov M M, Kozlov Y N, Nesterov D S, et al. Oxidation of hydrocarbons with H_2O_2/O_2 catalyzed by osmium complexes containing p-cymene ligands in acetonitrile [J]. Catalysis Science & Technology, 2014, 4(9): 3214-3226.

[145] Sarma B B, Carmieli R, Collauto A, et al. Electron transfer oxidation of benzene and aerobic

oxidation to phenol[J]. Acs Catalysis, 2016, 6(10): 6403 – 6407.

[146] Li X, Xue H, Lin Q, et al. Amphiphilic poly (ionic liquid)/Wells – Dawson – type phosphovanadomolybdate ionic composites as efficient and recyclable catalysts for the direct hydroxylation of benzene with H_2O_2[J]. Applied Organometallic Chemistry, 2020, 34(5): 5606.

[147] Carneiro L, Silva A R. Selective direct hydroxylation of benzene to phenol with hydrogen peroxide by iron and vanadyl based homogeneous and heterogeneous catalysts[J]. Catalysis Science & Technology, 2016, 6(22): 8166 – 8176.

[148] Ohkubo K, Kobayashi T, Fukuzumi S. Direct oxygenation of benzene to phenol using quinolinium ions as homogeneous photocatalysts[J]. Angewandte Chemie International Edition, 2011, 123(37): 8811 – 8814.

[149] Ohkubo K, Fujimoto A, Fukuzumi S. Visible – light – induced oxygenation of benzene by the triplet excited state of 2, 3 – dichloro – 5, 6 – dicyano – p – benzoquinone[J]. Journal of the American Chemical Society, 2013, 135(14): 5368 – 5371.

[150] Chen X, Zhang J, Fu X, et al. Fe – g – C_3N_4 – catalyzed oxidation of benzene to phenol using hydrogen peroxide and visible light[J]. Journal of the American Chemical Society, 2009, 131(33): 11658 – 11659.

[151] Sannino D, Vaiano V, Isupova L A, et al. Photo – Fenton oxidation of acetic acid on supported $LaFeO_3$ and Pt/$LaFeO_3$ perovskites[J]. Chem. Eng. T, 2011, 25: 1013 – 1018.

[152] Zhang P, Gong Y, Li H, et al. Selective oxidation of benzene to phenol by $FeCl_3$/mpg – C_3N_4 hybrids[J]. Royal Society of Chemistry Advances, 2013, 3(15): 5121 – 5126.

[153] Ohkubo K, Kobayashi T, Fukuzumi S. Direct oxygenation of benzene to phenol using quinolinium ions as homogeneous photocatalysts[J]. Angewandte Chemie International Edition, 2011, 123(37): 8811 – 8814.

[154] Ciambelli P, Sannino D, Palma V, et al. Tuning the selectivity of MoO_x supported catalysts for cyclohexane photo oxidehydrogenation[J]. Catalysis Today, 2007, 128(3 – 4): 251 – 257.

[155] Sannino D, Vaiano V, Ciambelli P, et al. Enhanced performances of grafted VO_x on titania/silica for the selective photocatalytic oxidation of ethanol to acetaldehyde[J]. Catalysis Today, 2013, 209: 159 – 163.

[156] Liu B J, Torimoto T, Yoneyama H. Photocatalytic reduction of CO_2 using surface – modified CdS photocatalysts in organic solvents[J]. Journal of Photochemistry and Photobiology A – Chemistry, 1998, 113(1): 93 – 97.

[157] Konstantinou I K, Sakellarides T M, Sakkas V A, et al. Photocatalytic degradation of selected s – triazine herbicides and organophosphorus insecticides over aqueous TiO_2 suspensions[J]. Environmental Science & Technology, 2001, 35(2): 398 – 405.

[158] Sclafani A, Herrmann J M. Comparison of the photoelectronic and photocatalytic activities of various anatase and rutile forms of titania in pure liquid organic phases and in aqueous solutions [J]. Journal of Physical Chemistry A, 1996, 100(32): 13655 - 13661.

[159] Goto T, Ogawa M. Efficient photocatalytic oxidation of benzene to phenol by metal complex - clay/TiO_2 hybrid photocatalyst [J]. Royal Society of Chemistry Advances, 2016, 6(28): 23794 - 23797.

[160] Shiraishi Y, Saito N, Hirai T. Adsorption - driven photocatalytic activity of mesoporous titanium dioxide[J]. Journal of the American Chemical Society, 2005, 127(37): 12820 - 12822.

[161] Ide Y, Torii M, Sano T. Layered silicate as an excellent partner of a TiO_2 photocatalyst for efficient and selective green fine - chemical synthesis [J]. Journal of the American Chemical Society, 2013, 135(32): 11784 - 11786.

[162] Zhang G, Yi J, Shim J, et al. Photocatalytic hydroxylation of benzene to phenol over titanium oxide entrapped into hydrophobically modified siliceous foam[J]. Applied Catalysis B - environmental, 2011, 102(1 - 2): 132 - 139.

[163] Ide Y, Matsuoka M, Ogawa M. Efficient visible - light - induced photocatalytic activity on gold - nanoparticle - supported layered titanate[J]. Journal of the American Chemical Society, 2010, 132(47): 16762 - 16764.

[164] Ide Y, Nakamura N, Hattori H, et al. Sunlight - induced efficient and selective photocatalytic benzene oxidation on TiO_2 - supported gold nanoparticles under CO_2 atmosphere [J]. Chemical Communications, 2011, 47(41): 11531 - 11533.

[165] Marino T, Molinari R, García H. Selectivity of gold nanoparticles on the photocatalytic activity of TiO_2 for the hydroxylation of benzene by water[J]. Catalysis Today, 2013, 206: 40 - 45.

[166] Zheng Z, Huang B, Qin X, et al. Facile in situ synthesis of visible - light plasmonic photocatalysts M@TiO_2 (M = Au, Pt, Ag) and evaluation of their photocatalytic oxidation of benzene to phenol[J]. Journal of Materials Chemistry, 2011, 21(25): 9079 - 9087.

[167] Su R, Kesavan L, Jensen M M, et al. Selective photocatalytic oxidation of benzene for the synthesis of phenol using engineered Au - Pd alloy nanoparticles supported on titanium dioxide [J]. Chemical Communications, 2014, 50(84): 12612 - 12614.

[168] Devaraji P, Sathu N K, Gopinath C S. Ambient oxidation of benzene to phenol by photocatalysis on Au/$Ti_{0.98}V_{0.02}O_2$: role of holes[J]. Acs Catalysis, 2014, 4(9): 2844 - 2853.

[169] Ma X, Dang R, Liu Z, et al. Facile synthesis of heterogeneous recyclable Pd/CeO_2/TiO_2 nanostructured catalyst for the one pot hydroxylation of benzene to phenol[J]. Chemical Engineering Science, 2020, 211: 115274.

[170] Park H, Choi W. Photocatalytic conversion of benzene to phenol using modified TiO_2 and polyox-

ometalates[J]. Catalysis Today, 2005, 101(3-4): 291-297.

[171] Devaraji P, Jo W K. Noble metal free Fe and Cr dual-doped nanocrystalline titania ($Ti_{1-x-y}M_{x+y}O_2$) for high selective photocatalytic conversion of benzene to phenol at ambient temperature[J]. Applied Catalysis A-general, 2018, 565: 1-12.

[172] Tanarungsun G, Kiatkittipong W, Assabumrungrat S, et al. Multi transition metal catalysts supported on TiO_2 for hydroxylation of benzene to phenol with hydrogen peroxide [J]. Journal of Industrial and Engineering Chemistry, 2007, 13(5): 870-877.

[173] Devaraji P, Jo W K. Natural leaf-assisted dual-phase two-dimensional leaf TiO_2 and $Cu(OH)_2$ co-catalyst for photocatalytic conversion of benzene to phenol[J]. Materials Research Bulletin, 2019, 110: 67-75.

[174] Szilágyi I M, Fórizs B, Rosseler O, et al. WO_3 photocatalysts: Influence of structure and composition[J]. Journal of Catalysis, 2012, 294: 119-127.

[175] Arai T, Horiguchi M, Yanagida M, et al. Reaction mechanism and activity of WO_3-catalyzed photodegradation of organic substances promoted by a CuO cocatalyst[J]. Journal of Physical Chemistry C, 2009, 113(16): 6602-6609.

[176] Yoshida H, Yuzawa H, Aoki M, et al. Photocatalytic hydroxylation of aromatic ring by using water as an oxidant[J]. Chemical Communications, 2008 (38): 4634-4636.

[177] Tomita O, Abe R, Ohtani B. Direct synthesis of phenol from benzene over platinum-loaded tungsten (Ⅵ) oxide photocatalysts with water and molecular oxygen[J]. Chemistry Letters, 2011, 40(12): 1405-1407.

[178] Tomita O, Ohtani B, Abe R. Highly selective phenol production from benzene on a platinum-loaded tungsten oxide photocatalyst with water and molecular oxygen: selective oxidation of water by holes for generating hydroxyl radical as the predominant source of the hydroxyl group [J]. Catalysis Science & Technology, 2014, 4(11): 3850-3860.

[179] Kurikawa Y, Togo M, Murata M, et al. Mechanistic insights into visible light-induced direct hydroxylation of benzene to phenol with air and water over Pt-modified WO_3 photocatalyst [J]. Catalysts, 2020, 10(5): 557.

[180] Zhang L, Zhang L, Chen Y, et al. CdS/ZnO: a multipronged approach for efficient reduction of carbon dioxide under visible light irradiation[J]. Acs Sustainable Chemistry & Engineering, 2020, 8(13): 5270-5277.

[181] Sathu N K, Devaraji P, Gopinath C S. Green leaf to inorganic leaf: a case study of ZnO [J]. Journal of Nanoscience and Nanotechnology, 2016, 16(9): 9203-9208.

[182] Sun M, Huang S, Chen L, et al. Applications of hierarchically structured porous materials from energy storage and conversion, catalysis, photocatalysis, adsorption, separation, and sensing

to biomedicine[J]. Chemical Society Reviews, 2016, 45(12): 3479 -3563.

[183] Chen P, Chen L, Zeng Y, et al. Three - dimension hierarchical heterostructure of $CdWO_4$ microrods decorated with Bi_2WO_6 nanoplates for high - selectivity photocatalytic benzene hydroxylation to phenol[J]. Applied Catalysis B - environmental, 2018, 234: 311 -317.

[184] Wei D, Huang L, Liang H, et al. Photocatalytic hydroxylation of benzene to phenol over organosilane - functionalized $FeVO_4$ nanorods[J]. Catalysis Science & Technology, 2021, 11(17): 5931 -5937.

[185] Streb C. New trends in polyoxometalate photoredox chemistry: From photosensitisation to water oxidation catalysis[J]. Dalton Transactions, 2012, 41(6): 1651 -1659.

[186] Wang S, Yang G. Recent advances in polyoxometalate - catalyzed reactions[J]. Chemical Reviews, 2015, 115(11): 4893 -4962.

[187] Zhang L, Hou Q, Zhou Y, et al. Phosphotungstic anion - paired quinoline salt for heterogeneous photocatalytic hydroxylation of benzene to phenol with air[J]. Molecular Catalysis, 2019, 473: 110397.

[188] Xu P, Zhang L, Jia X, et al. A novel heterogeneous catalyst NH_2 - MIL -88/$PMo_{10}V_2$ for the photocatalytic activity enhancement of benzene hydroxylation[J]. Catalysis Science & Technology, 2021, 11(19): 6507 -6515.

[189] Gu Y, Li Q, Zang D, et al. Light - Induced Efficient Hydroxylation of Benzene to Phenol by Quinolinium and Polyoxovanadate - Based Supramolecular Catalysts[J]. Angewandte Chemie International Edition, 2021, 60(24): 13310 -13316.

[190] Jin X, Balasubramanian V V, Selvan S T, et al. Highly ordered mesoporous carbon nitride nanoparticles with high nitrogen content: a metal - free basic catalyst[J]. Angewandte Chemie International Edition, 2009, 48(42): 7884 -7887.

[191] García - López E I, Marcì G, Bellardita M, et al. Carbon nitride as photocatalyst in organic selective transformations[M]//Current Developments in Photocatalysis and Photocatalytic Materials. Elsevier, 2020: 437 -455.

[192] Wang Y, Wang X, Antonietti M. Polymeric graphitic carbon nitride as a heterogeneous organocatalyst: from photochemistry to multipurpose catalysis to sustainable chemistry[J]. Angewandte Chemie International Edition, 2012, 51(1): 68 -89.

[193] Samanta S, Srivastava R. Graphitic carbon nitride for organic transformation[M]//Nanoscale Graphitic Carbon Nitride. Elsevier, 2022: 393 -456.

[194] Goettmann F, Thomas A, Antonietti M. Metal - free activation of CO_2 by mesoporous graphitic carbon nitride[J]. Angewandte Chemie International Edition, 2007, 46(15): 2717 -2720.

[195] Wang Y, Di Y, Antonietti M, et al. Excellent visible - light photocatalysis of fluorinated

polymeric carbon nitride solids[J]. Chemistry of Materials, 2010, 22(18): 5119-5121.

[196] Chen X, Zhang J, Fu X, et al. Fe-g-C_3N_4-catalyzed oxidation of benzene to phenol using hydrogen peroxide and visible light[J]. Journal of the American Chemical Society, 2009, 131(33): 11658-11659.

[197] Zhang P, Gong Y, Li H, et al. Selective oxidation of benzene to phenol by $FeCl_3$/mpg-C_3N_4 hybrids[J]. Royal Society of Chemistry Advances, 2013, 3(15): 5121-5126.

[198] Shiravand G, Badiei A, Ziarani G. M, et al. Photocatalytic synthesis of phenol by direct hydroxylation of benzene by a modified nanoporous silica (LUS-1) under sunlight[J]. Chinese Journal of Catalysis, 2012, 33(7/8): 1347-1353.

[199] Ye X, Cui Y, Qiu X, et al. Selective oxidation of benzene to phenol by Fe-CN/TS-1 catalysts under visible light irradiation[J]. Applied Catalysis B-environmental, 2014, 152: 383-389.

[200] Ye X, Cui Y, Wang X. Ferrocene-Modified Carbon Nitride for Direct Oxidation of Benzene to Phenol with Visible Light[J]. ChemSusChem, 2014, 7(3): 738-742.

[201] Ye X, Zheng Y, Wang X. Synthesis of Ferrocene-Modified Carbon Nitride Photocatalysts by Surface Amidation Reaction for Phenol Synthesis[J]. Chinese Journal of Chemistry, 2014, 32(6): 498-506.

[202] Ding Z, Chen X, Antonietti M, et al. Synthesis of transition metal-modified carbon nitride polymers for selective hydrocarbon oxidation[J]. ChemSusChem, 2011, 4(2): 274-281.

[203] Verma S, Nasir Baig R B, Nadagouda M N, et al. Hydroxylation of Benzene via C-H activation using bimetallic CuAg@g-C_3N_4[J]. Acs Sustainable Chemistry & Engineering, 2017, 5(5): 3637-3640.

[204] Bhuyan B, Devi M, Bora D, et al. Design of a Photoactive Bimetallic Cu-Au@ g-C_3N_4 Catalyst for Visible Light Driven Hydroxylation of the Benzene Reaction through C-H Activation[J]. Inorganic Chemistry, 2018, (34): 3849-3858.

[205] Hosseini S M, Ghiaci M, Kulinich S A, et al. Au-Pd@g-C_3N_4 as an efficient photocatalyst for visible-light oxidation of benzene to phenol: experimental and mechanistic study[J]. Journal of Physical Chemistry C, 2018, 122(48): 27477-27485.

[206] Basyach P, Guha A K, Borthakur S, et al. Efficient hydroxylation of benzene to phenol by H_2O_2 using Ni-doped $CuWO_4$ on carbon nitride as a catalyst under solar irradiation and its structure-activity correlation[J]. Journal of Materials Chemistry A, 2020, 8(25): 12774-12789.

[207] Shao M, Cheng L, Zhang X, et al. Excellent photocatalysis of HF-treated silicon nanowires[J]. Journal of the American Chemical Society, 2009, 131(49): 17738-17739.

[208] Zhu Q. L, Xu Q. Metal-organic framework composites[J]. Chemical Society Reviews, 2014,

43(16): 5468 – 5512.

[209] Nasalevich M A, Goesten M G, Savenije T J, et al. Enhancing optical absorption of metal – organic frameworks for improved visible light photocatalysis[J]. Chemical Communications, 2013, 49(90): 10575 – 10577.

[210] Wang D, Wang M, Li Z. Fe – based metal – organic frameworks for highly selective photocatalytic benzene hydroxylation to phenol[J]. Acs Catalysis, 2015, 5(11): 6852 – 6857.

[211] Xu B, Chen Z, Han B, et al. Glycol assisted synthesis of MIL – 100 (Fe) nanospheres for photocatalytic oxidation of benzene to phenol [J]. Catalysis Communications, 2017, 98: 112 – 115.

[212] Zhang L, Qiu S, Jiang G, et al. A Cu^{II} – based Metal – Organic Framework as an Efficient Photocatalyst for Direct Hydroxylation of Benzene to Phenol in Aqueous Solution [J]. Asian Journal of Organic Chemistry, 2018, 7(1): 165 – 170.

[213] Fang Y, Zhang L, Zhao Q, et al. Highly Selective Visible – Light Photocatalytic Benzene Hydroxylation to Phenol Using a New Heterogeneous Photocatalyst UIO – 66 – NH_2 – SA – V [J]. Catalysis Letters, 2019, 149(9): 2408 – 2414.

[214] Zhao Q, Zhang L, Zhao M, et al. Vanadium oxyacetylacetonate grated on metal organic framework as catalyst for the direct hydroxylation of benzene to phenol[J]. Chemistry Select, 2020, 5(22): 6818 – 6822.

[215] Titirici M M, White R J, Brun N, et al. Sustainable carbon materials[J]. Chemical Society Reviews, 2015, 44(1): 250 – 290.

[216] Wang B, Anpo M, Lin J, et al. Direct hydroxylation of benzene to phenol on h – BCN nanosheets in the presence of $FeCl_3$ and H_2O_2 under visible light[J]. Catalysis Today, 2019, 324: 73 – 82.

[217] Latorre – Sánchez M, Primo A, García H. P – doped graphene obtained by pyrolysis of modified alginate as a photocatalyst for hydrogen generation from water – methanol mixtures [J]. Angewandte Chemie International Edition, 2013, 52(45): 11813 – 11816.

[218] Xiang Q, Yu J, Jaroniec M. Graphene – based semiconductor photocatalysts [J]. Chemical Society Reviews, 2012, 41(2): 782 – 796.

[219] Cai J, Zhang M, Wang D, et al. Engineering surface wettability of reduced graphene oxide to realize efficient interfacial photocatalytic benzene hydroxylation in water [J]. Acs Sustainable Chemistry & Engineering, 2018, 6(11): 15682 – 15687.

[220] He J, Zhang M, Primo A, et al. Selective photocatalytic benzene hydroxylation to phenol using surface – modified Cu_2O supported on graphene[J]. Journal of Materials Chemistry A, 2018, 6(40): 19782 – 19787.

[221] Dasireddy V D B C, Likozar B. Selective photocatalytic oxidation of benzene to phenol using carbon nanotube (CNT) – supported Cu and TiO_2 heterogeneous catalysts [J]. Journal of the Taiwan Institute of Chemical Engineers, 2018, 82: 331 – 341.

[222] Wang F, Chen Y, Zhu R, et al. Novel synthesis of magnetic, porous C/$ZnFe_2O_4$ photocatalyst with enhanced activity under visible light based on the Fenton – like reaction [J]. Dalton Transactions, 2017, 46(34): 11306 – 11317.

[223] Yang B, Zhang S, Gao Y, et al. Unique functionalities of carbon shells coating on $ZnFe_2O_4$ for enhanced photocatalytic hydroxylation of benzene to phenol [J]. Applied Catalysis B – environmental, 2022, 304: 120999.

[224] Lu E, Wu J, Yang B, et al. Selective hydroxylation of benzene to phenol over Fe nanoparticles encapsulated within N – doped carbon shells [J]. Acs Applied Nano Materials, 2020, 3(9): 9192 – 9199.

[225] Asghari S, Farahmand S, Razavizadeh J S, et al. One – step photocatalytic benzene hydroxylation over iron (Ⅱ) phthalocyanine: A new application for an old catalyst [J]. Journal of Photochemistry and Photobiology A – Chemistry, 2020, 392: 112412.

[226] Li J, Xu Y, Ding Z, et al. Photocatalytic selective oxidation of benzene to phenol in water over layered double hydroxide: A thermodynamic and kinetic perspective [J]. Chemical Engineering Journal, 2020, 388: 124248.

[227] Aratani Y, Oyama K, Suenobu T, et al. Photocatalytic Hydroxylation of Benzene by Dioxygen to Phenol with a Cyano – Bridged Complex Containing Fe^{II} and Ru^{II} Incorporated in Mesoporous Silica – Alumina [J]. Inorganic Chemistry, 2016, 55(12): 5780 – 5786.

4 Cr－CdS/ZnO 纳米复合材料的制备及光催化苯羟基化制备苯酚的应用研究

本研究中首次合成了 Cr－CdS/ZnO 纳米复合材料，并采用 XRD、SEM、HR-TEM、UV－Vis－DRS、XPS、PL、EIS 和 EPR 等表征方法对其进行了系统表征。在可见光照射下，以 H_2O_2为氧化剂，对 Cr－CdS/ZnO 纳米复合材料的光催化活性进行了测试。具体研究了各种反应条件对光催化苯羟基化制苯酚的影响，包括催化剂用量、溶剂和苯与 H_2O_2的体积比的作用。由于 CdS 和 ZnO 具有相似的晶格结构和良好匹配的能带位置，CdS 捕获的光子产生电子和空穴，以及电子与 ZnO 的分离和迁移都得以实现。此外，通过掺杂 Cr 增强了可见光吸收能力，抑制了光生电子－空穴对的快速复合。结果，获得了的优异的苯酚选择性(98%)和产率(11.1%)，皆高于 Cr－CdS、Cr－ZnO 和 CdS/ZnO 的。最后，提出了在可见光照射下复合材料光催化苯羟基化制备苯酚活性的机制。可见光吸收能力的增强和显著提高的苯羟基化催化性能使 Cr－CdS/ZnO 纳米复合材料在精细化学品的光催化绿色合成中具有较大潜力。

4.1 引言

苯酚是一种重要的化学品，广泛用于制备树脂、纤维、尼龙、除草剂和药物等。目前，苯酚主要通过三步异丙苯工艺生产，但该方法苯酚收率低(约 5%)，反应条件苛刻和能耗高。近年来，从提高反应的原子经济性和绿色性方面出发，以 H_2O_2为氧化剂的可见光光催化苯羟基化反应因其原子利用率高、过程环境友好、仅以水为副产物等优点而受到广泛关注。值得注意的是，苯酚由于反应活性远高于苯的，容易被过度氧化，会增加—OH 基团引入苯的难度。因此，设计和制备一种具有优异选择性活化 H_2O_2 的多功能光催化剂对于光催化苯羟基化反应至关重要且极具挑战性。

以 H_2O_2 作为氧化剂，使用半导体多相光催化剂进行苯羟基化反应有着广泛的研究，其中大量的·OH 自由基以 Fenton reaction（芬顿反应）的方式在光催化剂上生成，从而将苯氧化成苯酚。最近，Ma 等开发了掺杂 Pd 纳米簇的 CeO_2/TiO_2 纳米复合材料，并用于苯氧化制备苯酚。Devaraji 等研究了在可见光照射下，具有无序介孔的 $Ti_{0.98}Fe_{0.01}Cr_{0.01}O_2$ 光催化剂将苯氧化成苯酚。此外，Chen 等报道了在可见光下通过新型纳米结构的 $NiO/WO_3@g-C_3N_4$ 光催化剂实现苯羟基化制备苯酚。然而，在现有文献中，ZnO 基纳米复合材料用于光催化合成苯酚的探索并不多。

在过去的几十年中，ZnO 基纳米复合材料因其低成本、无毒、高激发结合能和电子迁移率以及特定的形貌在光催化降解和水分解中引起了广泛的关注。然而，其宽带隙能量（3.37eV）和光生电荷载流子的快速复合阻碍了其在光催化化学转化中的直接应用。因此，采用了各种方法提高 ZnO 的光催化效率，包括金属掺杂和构建异质结。其中构建 CdS/ZnO 异质结似乎是一种有效的方法。根据以前的文献，CdS 和 ZnO 的复合不仅可以改善可见光响应，而且由于其良好的能级结构匹配性和内在性质，可以促进光生电子－空穴（$e^- - h^+$）对的分离。因此，CdS/ZnO 异质结有望表现出优异的光催化性能。例如，使用简单的水热合成方法制备了具有增强光催化去除六价铬效率的 ZnO/CdS/RGO 复合材料。新型 CdS－ZnO 核壳纳米棒比单独的 ZnO 或 CdS 表现出更好的光催化析氢性能。然而，由于 ZnO 和 CdS 相之间光生载流子的转移速率不同，这种异质结的量子产率仍有待进一步提高。因此，掺杂过渡金属于 ZnO 以增加其光催化活性仍有相当大的空间，可以通过缩小其宽带隙以将其吸收边缘扩大到可见光区域并形成电子陷阱以加速电荷分离实现。

众所周知，过渡金属掺杂会导致多样的化学缺陷，这对于催化剂的光催化活性至关重要。对过渡金属（如镍、钴、铜、铬和铁等）掺杂的 ZnO 进行了大量研究，经过渡金属改性所生成的活性位点集中于 ZnO 表面，因而在降解过程中表现出较强的光催化性能。其中过渡金属 Cr 表现出最佳的作用，因 Cr^{3+}（0.057nm）的半径与 Zn^{2+}（0.060nm）的半径相当，使得晶格中的 Zn^{2+} 被 Cr^{3+} 取代，从而降低带隙。Li 等的计算为电子结构的变化提供了证据，证实了 Cr 的掺杂可以大大拓宽可见光吸收光谱。此外，Cr－ZnO 纳米棒对污染水中的偶氮染料表现出优异的光催化降解性能。由于 ZnO 的晶格结构与 CdS 相似，且其能带位置兼容，因此 Cr 也是 CdS 的有利掺杂剂。在后续的研究中，Cr－CdS 被发现能够促进电子的跳跃，从而增强了其在光电子学，自旋电子学和磁光器件领域的应用潜力。因此，可预测 Cr－CdS/ZnO 在光催化苯羟基化制备苯酚领域中表现出较高的催化活性。

4.2 实验部分

4.2.1 实验试剂与仪器

4.2.1.1 实验试剂

实验试剂的具体参数如表 4－1 所示。

表 4－1 实验试剂的具体参数

试剂	分子式	级别	生产厂家
苯	C_6H_6	分析纯	天津××精细化工有限公司
苯酚	C_6H_5OH	分析纯	天津××精细化工有限公司
乙二胺	$C_2H_8N_2$	分析纯	天津××精细化工有限公司
三乙胺	$C_6H_{15}N$	分析纯	天津××精细化工有限公司
甲醇	CH_3OH	分析纯	天津××精细化工有限公司
乙酸乙酯	$CH_3COOCH_2CH_3$	分析纯	天津××精细化工有限公司
乙腈	C_2H_3N	分析纯	天津××精细化工有限公司
无水乙醇	C_2H_5OH	分析纯	天津××精细化工有限公司
过氧化氢	H_2O_2	分析纯	天津××精细化工有限公司
去离子水	H_2O	分析纯	天津××精细化工有限公司

4.2.1.2 实验仪器

实验仪器、型号及生产厂家如表 4－2 所示。

表 4－2 实验仪器的具体参数

实验仪器	型号	生产厂家
电子天平	BSA224S	××××科学仪器(北京)有限公司
台式高速离心机	H/T16MM	湖南××仪器装备有限公司
高效气相色谱	7890	×××科技有限公司

续表

仪器	型号	生产厂家
恒温磁力搅拌器	85－2 数显恒温磁力搅拌器	常州××仪器制造有限公司
循环水式真空泵	SHZ－D(Ⅲ)	巩义市××仪器有限公司
恒温循环水浴槽	HX－105	北京××××科技有限公司
光反应化学箱	CEL－LB70	北京××××科技有限公司
集热式恒温加热磁力搅拌器	DF－101S	上海××科学仪器有限公司
真空干燥箱	DZF	上海××实业发展有限公司
光催化仪器	CEL－LAB500	北京××××科技有限公司

4.2.1.3 实验装置

在进行光催化苯羟基化制备苯酚的探究实验前，需要进行光催化仪器的搭建。如图4－1所示，先将冷凝循环水连接于装置中的冷阱，并保持冷凝水处于循环状态。然后将氙灯灯管放于冷阱中并连接于氙灯光源系统控制器。将反应溶液装于反应管中并置于反应器中，氙灯灯光通过带有420nm紫外线截止的滤光片照射在反应管上。

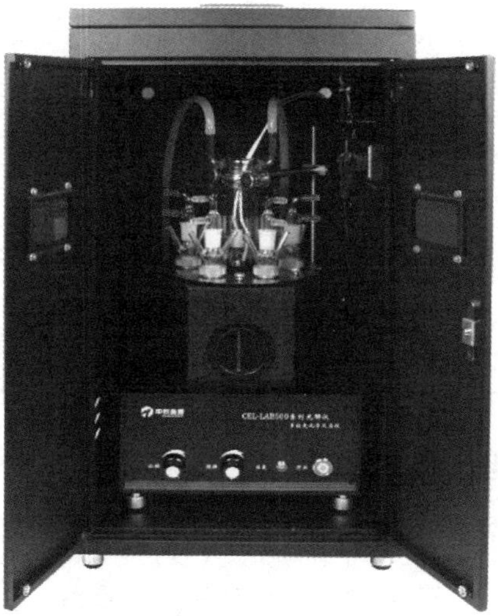

图4－1 光催化仪器(CEL－LAB500)

4.2.2 光催化实验

通过多通道光化学反应系统进行光催化苯羟基化实验。使用带有420nm紫外线截止滤光片的500W 氙弧灯。将50mg 光催化剂和1mL 苯加入水(6mL)和乙腈(2mL)的混合物中，并置于50mL 石英管反应器中。将反应混合物在黑暗中搅拌30min 以达到吸附平衡，并向混合物中加入2mL H_2O_2，然后在333K 下照射4h。反应结束时，使用1mL 移液管分离上部有机溶液，在离心机(1000r/min，10min)中离心以除去固体残留物，并通过配备火焰离子化检测器(FID)和HP-5苯基甲基硅氧烷的毛细管柱的Agilent 7890 气相色谱(GC，美国)系统进行分析。苯的转化率、苯酚的产率和选择性计算如下：

$$\text{转化率} = 1 - \frac{M_r}{M_i} \times 100\% \tag{4-1}$$

$$\text{产率} = \frac{M_g}{M_i} \times 100\% \tag{4-2}$$

$$\text{选择性} = \frac{M_g}{M_c} \times 100\% \tag{4-3}$$

式中，M_r代表残余苯的摩尔质量，g/mol；M_i代表初始苯的摩尔质量，g/mol；M_g代表生成的苯的摩尔量；M_c代表转化苯的摩尔质量，g/mol。

4.2.3 CdS/ZnO 复合材料的制备

通过不同的合成方法制备得到如下四种CdS/ZnO 复合材料。

1. 合成方法一

1)ZnO 的制备

以去离子水作为溶剂配制浓度为0.2mol/L $Zn(CH_3COO)_2 \cdot 2H_2O$ 水溶液。先加入0.8mL 乙二胺作为封端剂于上述溶液，再滴加0.2mol/L 的NaOH 溶液，使得溶液pH 值保持在12，搅拌30min 后将混合物置于高压釜中，在200℃下加热4h。待反应结束后，将所得到的沉淀用去离子水和乙醇交替洗涤数次，然后在80℃下干燥1h。

2)CdS/ZnO 的制备

将上述合成ZnO(0.7g)悬浮在250mL 的 $Cd(CH_3COO)_2 \cdot 2H_2O$ 水溶液中搅拌20h。然后，将硫化钠(Na_2S)添加到浆料中，随后将其置于高压釜中，并在180℃下保持24h。冷却至室温后，将所得浆液离心以获得CdS/ZnO 复合材料，在100℃下老化12h，再使用光催化反应。催化剂在经过长时间的热储存后，可以最大限度地减少CdS/ZnO 表面上残留的挥发性有机物，记为CdS/ZnO-Ⅰ。

2. 合成方法二

1) ZnO 的制备

先将 $Zn(CH_3COO)_2 \cdot 2H_2O$(9.5g)和三乙胺(TEA、40mL)溶于水(40mL)中形成溶液，再转移到聚四氟乙烯内衬的高压釜中密封。然后将高压釜置于烘箱中在 453K 加热 3h，得到的白色产物经离心后用乙醇和蒸馏水交替洗涤数次后，置于真空烘箱中 353K 干燥 12h 后得到最终产品。

2) CdS/ZnO 的制备

将上述制备好的 ZnO(0.60g)、$Cd(NO_3)_2 \cdot 4H_2O$(0.64g)和 L－半胱氨酸(0.64g)分散在乙二胺(EDA、30mL)中形成悬浮液。将悬浮液倒入高压釜中密封并置于烘箱中在 453K 下加热 5h，将得到的颗粒经乙醇和蒸馏水交替洗涤多次后，所得黄色固体在真空下 353K 干燥 12h 后得到成品，记为 CdS/ZnO－Ⅱ。使用不同的浓度 CdS 重复上述步骤，可实现 ZnO 上 CdS 负载水平的变化，得到 CdS 与 ZnO 不同比值的复合材料，记为 CdS/ZnO－Ⅲ(图 4－2)。

3. 合成方法三

1) 制备 ZnO

将 50mL 浓度为 0.5mol/L 的六次甲基四胺(HMTA)和 $Zn(CH_3COO)_2 \cdot 2H_2O$ 溶液经超声 5min 后置于高压反应釜中，在 90℃下反应 6h 后所得到产物用去离子水洗涤，然后在 90℃的干燥箱中干燥 12h。

2) CdS/ZnO 的制备

将上述合成 ZnO(0.2g)悬浮于 $CdCl_2 \cdot 2.5H_2O$(2mL、0.5M)和 $SC(NH_2)_2$(3ml、0.5M)混合液中，并加入 20mg 聚乙二醇作为分散剂。将上述混合液倒入体积为 100mL 的不锈钢高压反应釜中，放入温度为 60℃的烘箱中反应 2.5h。所制得的浅黄色样品用去离子水冲洗，在 60℃下干燥 12h 后即得到 CdS/ZnO 纳米粒子复合结构，记为 CdS/ZnO－Ⅲ。

4. 合成方法四

1) ZnO 的制备

将 30mL 浓度为 0.5mol/L 的六次甲基四胺、乙酸锌和尿素的混合溶液放入不锈钢高压反应釜中，并放入温度为 90℃的烘箱中反应 6h。反应后制得到产物用去离子水冲洗数次，然后在 90℃的干燥箱中干燥 12h 备用。

2）CdS/ZnO 的制备

将上述合成 ZnO（0.72g）悬浮于 $CdCl_2 \cdot 2.5H_2O$（8ml、0.5M）和 $SC(NH_2)_2$（10mL、0.5M）混合液中，再加入适量的聚乙二醇使得溶液更加的分散。然后将混合液倒入不锈钢高压反应釜中在 60℃反应 2.5h，反应结束后所得产品用去离子水冲洗数次后，在 60℃下干燥 12h 后即得到 CdS/ZnO 纳米粒子复合结构，记为 CdS/ZnO－Ⅳ。

由合成方法二制备的 CdS/ZnO 复合材料表现出最佳的光催化活性，CdS/ZnO－Ⅱ用于后续研究。

4.2.4 过渡金属负载 CdS/ZnO 的制备方法

将 0.30g CdS/ZnO 分散到含 $Cr(NO_3)_3 \cdot 9H_2O$（0.11g）的水溶液（25mL）中，所得悬浮液在 333K 下剧烈搅拌 1h 后，然后逐渐滴加 0.4mol/L 的 NH_4HCO_3 水溶液直至 pH 值为 9.0，在 333K 下搅拌 2h，其间保持溶液 pH 值不变，经过滤所得到的固体用去离子水洗涤后，在 373K 下干燥 6h。然后在 673K 下煅烧 2h 以获得产物（图 4－2）。其标记为 x Cr－CdS/ZnO（其中 x 表示 Cr 的重量载荷）。以这种方式合成了不同 Cr 负载量的 Cr－CdS/ZnO 复合材料（质量分数分别为 2%、5%、10% 和 15%）。

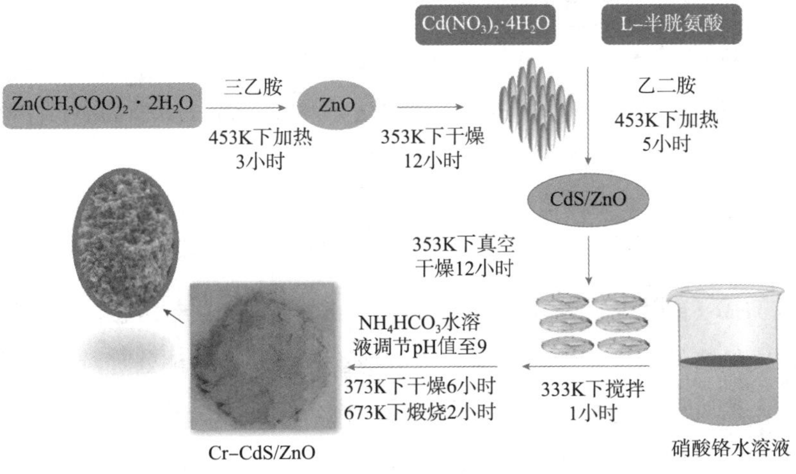

图 4－2 Cr－CdS/ZnO 合成示意图

以 $Co(NO_3)_2 \cdot 6H_2O$、$Cu(NO_3)_2 \cdot 3H_2O$、$Ni(NO_3)_2 \cdot 6H_2O$、$Fe(NO_3)_3 \cdot 9H_2O$ 和 $Mn(NO_3)_2$ 为前体，使用上述合成方法分别合成了 Co－CdS/ZnO、Cu－CdS/ZnO、Ni－CdS/ZnO、Fe－CdS/ZnO 和 Mn－CdS/ZnO。

4.3 催化剂表征

4.3.1 X 射线衍射(XRD)

XRD 用于测试样品的晶体结构，使用 Bruker D8 Advance X 射线多晶衍射仪(Cu－Kα 辐射，$\lambda=1.5418$Å，德国)记录 XRD 数据，扫描范围为5°～80°，扫描速率为5°/min。制样步骤为：将适量的粉末状样品平铺在 XRD 样品台上，并使用玻璃片将其压严实，随后放入测试台上进行样品测试。

4.3.2 傅里叶变换红外光谱(FT－IR)

使用傅里叶变换红外光谱仪(Thermo electron corporation－5700，美国)用于收集傅里叶变换红外光谱分析样品的化学键与官能团。制样方法是将样品与 KBr 充分混合(质量比为 1 ∶ 100)后压片，烘干 10min 后进行测试。扫描范围为400～4000cm^{-1}。

4.3.3 扫描电镜(SEM)

使用配备 EDX 附件(SmartEDX)的 SEM 系统(ZEISS Gemini 300，德国)分析每个样品的表面形貌和化学成分。制样方法是将微量粉末状样品粘到导电胶上，喷金 45S 后进行样品测试得到样品形貌与能谱。

4.3.4 高分辨透射电镜(HRTEM)

使用 TEM Cs 探针显微镜(FEI Talos F200X，美国)对样品进行 HRTEM 分析，以探索合成材料的结构特性。将样品分散到乙醇中，经超声处理后将其滴加在铜网上，经自然风干后进行高分辨透射电镜拍摄形貌(高分辨)、能谱面扫测试项目。加速电压 200kV，能谱型号为 JED－2300T。

4.3.5 表面积分析

在 623K 下脱气后，使用表面积分析仪(Micromeritics ASAP 2020，美国)测试材料的比表面积(S_{BET})和孔隙率。

4.3.6 X射线光电子能谱(XPS)

XPS表面分析使用XPS显微镜(Thermo Scientific K - Alpha，美国)和Al Kα辐射源(1486.6eV)进行，所有结合能均由284.8eV处的C1s峰校准。

4.3.7 紫外-可见漫反射光谱(UV - Vis DRS)

以$BaSO_4$为参考，紫外-可见漫反射光谱是使用装有积分球的光谱仪(Shimadzu UV - 3600，日本)获得的。

4.3.8 光致发光光谱(PL)

使用具有可调激发波长的光谱仪(Thermo Fisher - Lumina，美国)获得光致发光光谱，所有PL测量均在325nm的激发波长下进行。

4.3.9 电子顺磁共振(EPR)

使用顺磁共振波谱仪进行电子顺磁共振测量(Bruker EMX Plus，德国)。反应条件为：50mg催化剂(5% Cr - CdS/ZnO)，2mL乙腈与6mL去离子水的混合溶液作为溶剂，1mL苯，2mL H_2O_2，在60℃下反应4h。

4.3.10 电化学

使用电化学工作站(CHI 660E，上海辰华仪器公司，中国)进行电化学阻抗谱(EIS)、瞬态光电流和莫特-肖特基曲线的测量。

样品制备方法：在氟掺杂氧化锡(FTO)玻璃上制备工作电极，并使用透明胶带保护其边界。将2mg光催化剂放入300μL蒸馏水、100μL乙醇和40μL萘酚混合溶液中以产生浆液，并涂抹在预处理的FTO玻璃上。风干后在303K下进一步干燥1h以提高其附着力。电极的未涂层部分用环氧树脂隔离。使用CHI 660E电化学系统在传统的三电极电池中进行电化学测量，使用铂板作为对电极，以标准Ag/AgCl作为参比电极。电解质为0.2 M Na_2S和Na_2SO_3混合溶液，并在测量前用N_2吹扫30min去除溶剂中的氧气。

4.4 结果与讨论

4.4.1 催化剂的表征分析

4.4.1.1 XRD

1. 不同质量 CdS 负载于 ZnO 的 XRD 研究

从图 4－3 可以看出，CdS 与 ZnO 的 XRD 曲线符合相应的标准曲线，表明已经成功制备了较高纯度的 CdS 与 ZnO 样品。当 CdS 的负载量达到 10% 时，由于其负载量较小，CdS/ZnO－10 几乎只呈现出 ZnO 的标准衍射峰。随着 CdS 的质量负载量增加，CdS 的标准衍射峰逐渐在 CdS/ZnO 复合材料中显现，当 CdS 的质量负载量达到 50% 时，CdS 与 ZnO 的标准衍射峰都能明显地被观察到，表明 CdS 均匀地负载于 ZnO 上，且表现出较好的结晶度。随着 CdS 的质量负载量持续增加，ZnO 的标准衍射峰持续减弱，取而代之的是 CdS 标准衍射峰强度增加。

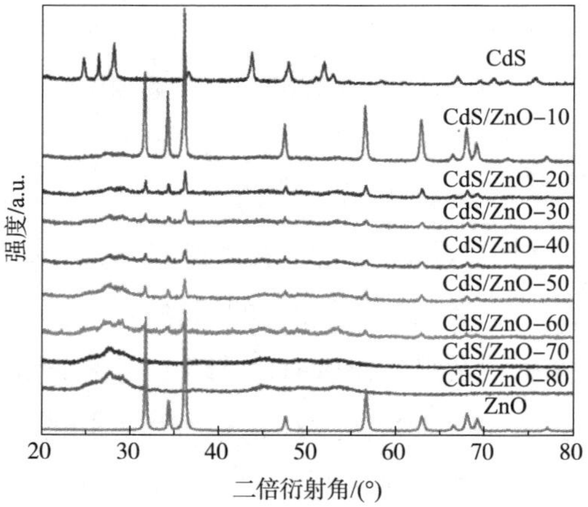

图 4－3 不同质量 CdS 负载于 ZnO 的 XRD 图谱

2. 不同 Cr 掺杂量于 CdS/ZnO 的 XRD 研究

图 4－4 为不同 Cr 掺杂量于 CdS/ZnO 的 XRD 曲线，当 Cr 的掺杂量为 2% 时，Cr 对 CdS/ZnO 复合材料的晶体结构表现出较弱的影响，2% Cr－CdS/ZnO 整体的衍射峰仍归属于 CdS/ZnO 复合材料。当 Cr 掺杂量增加至 5% 时，Cr 对 CdS/ZnO 复合材料的晶体结构表现出较为明显的影响，CdS 与 ZnO 标准衍射峰强度明

显下降，表明 Cr 负载量为 5% 时对 CdS/ZnO 的晶体结构存在改性作用，使其结晶度明显降低。随着 Cr 负载量持续增加，10% Cr－CdS/ZnO 与 15% Cr－CdS/ZnO 复合材料的 XRD 曲线几乎不存在 CdS 的标准衍射峰，很大程度地改变 CdS 的晶体结构，进而影响其对可见光的吸收。

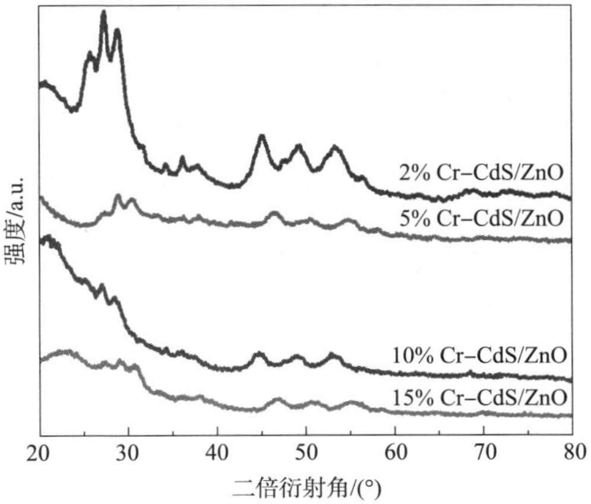

图 4－4　不同 Cr 掺杂于 CdS/ZnO 的 XRD 图谱

3. CdS、ZnO、CdS/ZnO 和 5% Cr－CdS/ZnO 的 XRD 对比

CdS 的衍射光谱如图 4－5 所示，在 24. 8°、26. 5°和 28. 2°处的特征衍射峰可归因于该样品的(100)、(002)和(101)晶相，与之前的结果(JCPDS No. 65－3414)一致，表明 CdS 已成功制备。在图 4－5 中 ZnO 的衍射光谱中，31. 7°、34. 4°、36. 2°和 56. 6°的特征衍射峰归因于 ZnO 的(100)、(002)、(101)和(110)晶相，与标准纤锌矿六方 ZnO 特征衍射峰一致(JCPDS No. 36－1451)。在 CdS/ZnO 的衍射光谱中观察到的 CdS 和 ZnO 的特征衍射峰，表明了 CdS 成功负载于 ZnO 上，证实了 CdS/ZnO 异质结(Ⅱ型)的形成。在 CdS/ZnO 复合材料中几乎没有观察到晶体结构的变化，这表明 CdS 已经均匀地负载在 ZnO 表面，并且结构保持良好。然而，在 5% Cr－CdS/ZnO 的衍射光谱上发现了峰强度降低($2\theta = 26.5°$)和 $2\theta = 31.7°$ 处几乎消失的峰，这可能是由于 Cr^{3+} 沉积到尺寸较小的孔中导致晶格结构损坏，从而使得结晶度降低。此外，增强的峰展宽度证实了纳米尺寸晶体颗粒的存在。

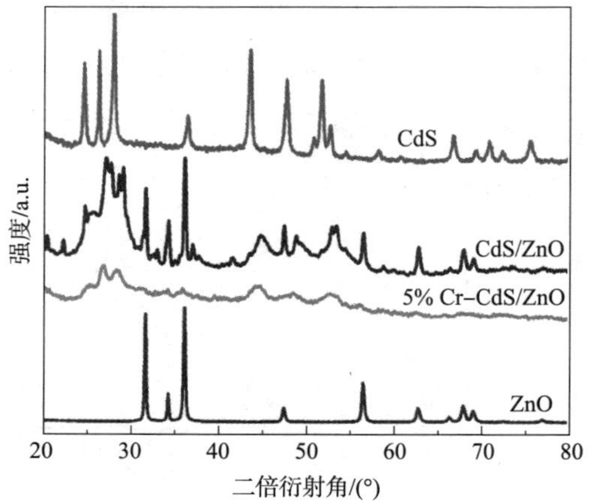

图4－5　CdS、ZnO、CdS/ZnO 和 5% Cr－CdS/ZnO 的 XRD 图谱

4.4.1.2　FT－IR

CdS/ZnO 的 FT－IR 光谱如图 4－6 所示，其中所涉及 CdS 和 ZnO 光谱中的峰证明了 CdS/ZnO 晶体的形成。CdS/ZnO 光谱中 $1039cm^{-1}$ 和 $484cm^{-1}$ 处的吸收峰分别对应于 Zn—OH 和 Zn—O 键合。$1390cm^{-1}$ 附近的吸收峰归因于 Cd—S 键的存在，而 $1578cm^{-1}$ 和 $853cm^{-1}$ 等处的峰可能与碳酸盐基团的振动和弯曲模式相关。与 CdS/ZnO 相比，在 5% Cr－CdS/ZnO 光催化剂上观察到的吸收强度（$800 \sim 1600cm^{-1}$）的变化可能是由于 Cr 在空隙中的沉积，从而减小了孔隙的尺寸，破坏了晶格结构，从而降低了结晶度。$2073cm^{-1}$ 附近的相应吸收峰可能是由于 Cr—O 键的影响。

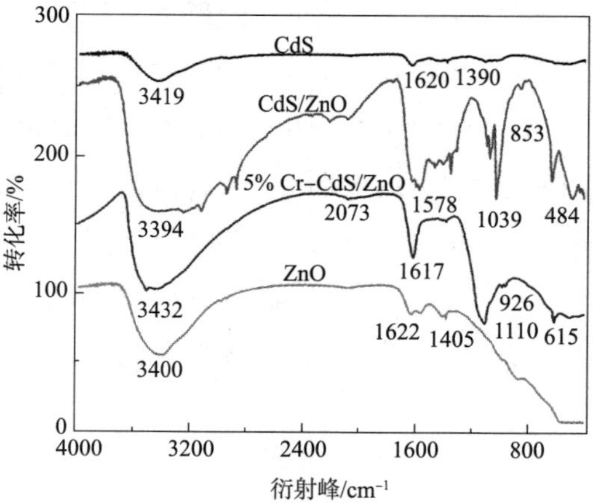

图 4－6　CdS、ZnO、CdS/ZnO 与 5% Cr－CdS/ZnO 傅里叶变换红外光谱

4.4.1.3 SEM

CdS、ZnO、CdS/ZnO 和 5% Cr - CdS/ZnO 的 SEM 图像如图 4 - 7 所示。在图 4 - 7(a) 中，可以发现 CdS 具有杆状形态，长度范围和直径分别为 150 ~ 500nm 和 50nm。如图 4 - 7(b) 所示，ZnO 的形貌为梭状纳米棒，其直径和长度范围分别为 0.25 ~ 0.5μm 和 1.5 ~ 2.5μm。CdS/ZnO 复合材料的形貌如图 4 - 7(c) 所示，观察到类似于 ZnO 的梭形纳米棒结构。同时，还观察到 CdS/ZnO 表面有许多不同尺寸的孔，证实了纳米结构的多孔性，这可能是由制备过程中 EDA 分解引起的。图 4 - 7(d) 显示了 5% Cr - CdS/ZnO 复合材料的无序珊瑚状结构，可以观察到许多不规则的孔洞(直径范围为 100 ~ 200nm)。形态从梭形纳米棒(CdS/ZnO)到珊瑚状结构(5% Cr - CdS/ZnO)的明显变化可能是由于 Cr 的掺杂阻塞了 CdS/ZnO 的孔隙，这也与从 N_2 等温吸附 - 脱附测量中获得的结论一致[图4 - 8(a)]。

(a)CdS　(b)ZnO

(c)CdS/ZnO　(d)5% Cr-CdS/ZnO

图 4 - 7　SEM 图像

4.4.1.4 表面积分析

采用 N_2 等温吸附 - 脱附法研究了产物的结构和介孔性质，采用 Brunauer - Emmett - Teller(BET) 法进行了表面积分析，并使用 Barrett - Joyner - Halenda (BJH) 法测定了孔径分布。图 4 - 8(a) 显示了在 77K 下测得的 N_2 吸附 - 解吸等温线，CdS/ZnO 和 5% Cr - CdS/ZnO 的吸附 - 解吸等温线与 H_3 滞后环的Ⅳ型吸附-解吸等温线相匹配，证实了两种合成的复合材料上存在无序介孔。从图4-8(b)可以得到ZnO、CdS/ZnO和5% Cr-CdS/ZnO作为介孔材料，孔径主要分布在0~40nm。CdS是一种大孔材料，孔径主要分布在30~100nm范围内。所有材料的比表面积、孔径和孔体积如表4-3所示。CdS/ZnO(161.0m^2/g)的比表面积高于CdS(30.5m^2/g)和ZnO(4.0m^2/g)。其高比表面积和催化活性表面可能归因于其高结晶度，这可以进一步提高$e^- - h^+$对的分离效率，从而提高其催化性能。5% Cr-CdS/ZnO的比表面积和孔隙体积分别为40.4m^2/g和0.2cm^3/g，低于CdS/ZnO(比表面积为161.0m^2/g，孔隙体积为0.3cm^3/g)，比表面积的减少和孔隙体积的减少可能是由于Cr的引入。结果表明，Cr^{3+}扩散到CdS/ZnO块体中，堵塞了CdS/ZnO的孔，导致结晶度降低。TEM分析也支持了这些观察结果[图4-11(b)]。值得注意的是，与CdS/ZnO相比，比表面积较低的5% Cr-CdS/ZnO表现出较高的光催化活性(将在第4.4.2节中讨论)。因此，比表面积的大小并不能很好地表示催化剂活性的高低。然而，5% Cr-CdS/ZnO的比表面积仍然远高于CdS和ZnO的。

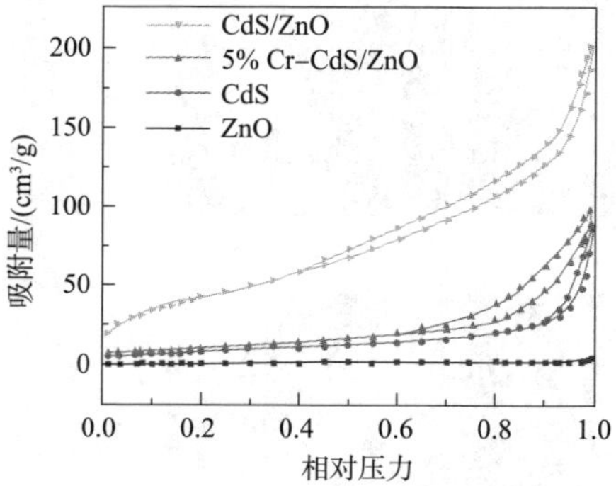

(a)N_2吸附-解吸等温线

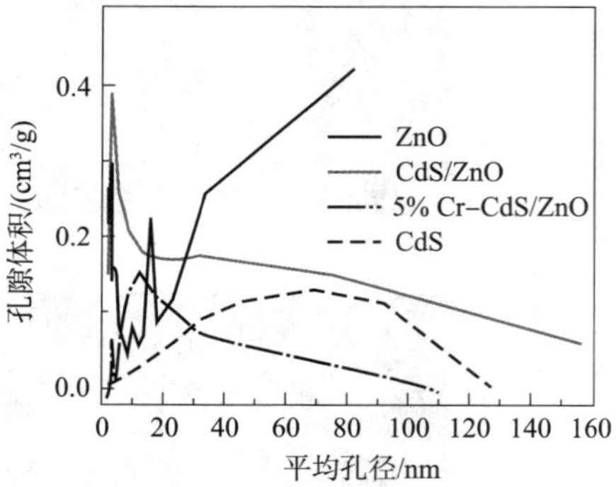

(b)孔径分布图

图4-8　N_2吸附-解吸等温线和孔径分布图

表4-3　CdS、ZnO、CdS/ZnO和5% Cr-CdS/ZnO的理化性质

光催化剂	比表面积/(m^2/g)	平均孔径/nm	孔隙体积/(cm^3/g)
CdS	30.5	175.9	0.1
ZnO	4.0	9.5	0.01
CdS/ZnO	161.0	64.8	0.3
5% Cr-CdS/ZnO	40.4	119.2	0.2

4.4.1.5 UV - Vis DRS

利用 UV - Vis DRS 研究了 CdS/ZnO 复合材料及其掺杂 Cr 之后的光学性质及其影响程度。图 4 - 9(a)显示了不同光催化剂的紫外 - 可见吸收光谱，ZnO (390nm)的吸收波长位于紫外区域，带隙为 3.3eV，而 CdS 的光吸收主要位于可见光区域(530nm)，带隙为 2.4eV。当 CdS 负载到 ZnO 上时，吸收波长从 390nm 增加到 480nm，其带隙降低到 2.69eV[图 4 - 9(b)]。CdS/ZnO 复合材料掺杂 Cr 后吸收波长增加到 495nm。可以得出 5% Cr - CdS/ZnO 很大程度提高了可见光吸收能力。Cr^{3+} 存在于 CdS/ZnO 晶格中，导致在 CdS/ZnO 导带中形成新的 Cr^{3+} 2d 能级，从而将带隙缩小到 2.57eV。图 4 - 9(a)中的插图显示了样品的变化，从 1(ZnO) 到 2(CdS)、3(CdS/ZnO)，再到 4(5% Cr - CdS/ZnO)，这些样品的颜色变化反映了构建 CdS/ZnO 异质结和 Cr 掺杂引起的每个样品光学性质的改变。这种变化降低了 ZnO 的光学带隙，增加了对可见光的吸收。上述观察表明，Cr 与 CdS/ZnO 之间存在很强的相互作用，Cr 掺杂后在 CB 下形成新的能级可以促进电荷载流子的分离。图 4 - 9(b)显示了通过 Tauc 图(基于 UV - Vis DRS 结果)分析的每个样品的能带隙。

Tauc 图根据以下公式计算得到：

$$\alpha h\nu = A\,(h\nu - E_g)^{n/2} \tag{4-4}$$

式中，α 是吸收系数；h 是普朗克常数；A 是常数；ν 是光的频率；E_g 是带隙能量；n 值由具有直接或间接带状特征的半导体的光跃迁类型($n=4$)决定。

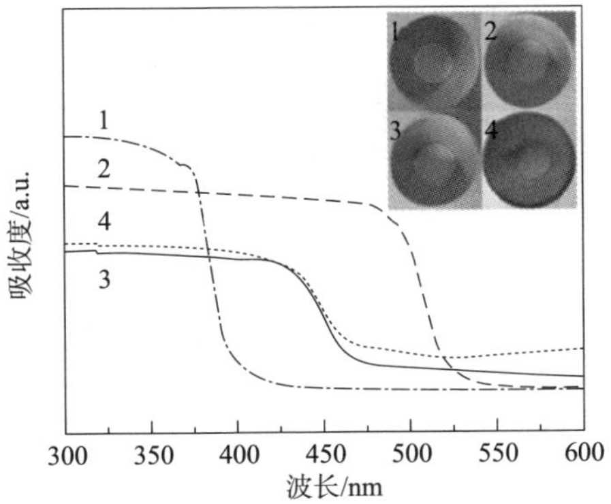

1—ZnO；2—CdS；3—CdS/ZnO；4—5% Cr-CdS/ZnO

(a)紫外-可见吸收光谱

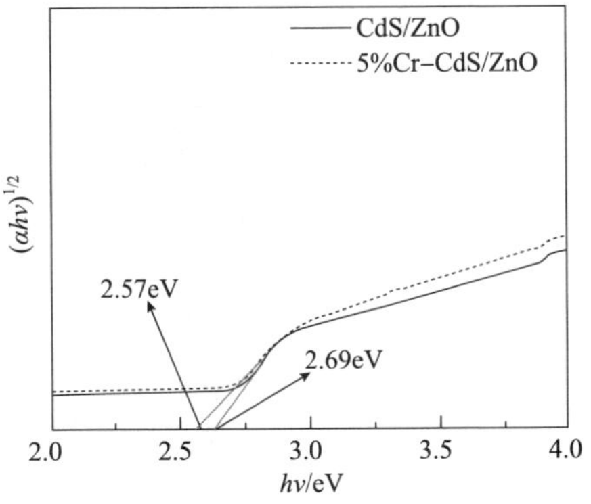

(b)带隙值

图 4 - 9 紫外 - 可见吸收光谱和带隙值

4.4.1.6 电化学

为了探测电子转移机制，在 325nm 的激发波长下收集了 ZnO，CdS，CdS/ZnO 和 5% Cr－CdS/ZnO 的 PL 发射光谱[图 4－10(a)]。PL 实验结果表明，CdS 的发射波长约为 520nm，而 ZnO 的发射波长为 400nm。当 CdS 负载于 ZnO 上时，CdS/ZnO 复合材料的吸收波长从 400nm 增加到 470nm，表明可见光的利用率有所提高。在 470nm 处，CdS/ZnO 的 PL 发射光谱峰值强度低于 ZnO，表现出明显的发光猝灭，表明 CdS 负载于 ZnO 上所形成的Ⅱ型异质结，抑制了 e^-－h^+ 复合。对于 5% Cr－CdS/ZnO，其位于 470nm 附近的 PL 发射光谱的峰值强度与 CdS/ZnO 相比更低，这意味着电荷分离效率更高。Cr 可以捕获更多激发的电子，从而增加了 CdS/ZnO 表面空穴的可用性，这也证实了 Cr^{3+} 和 CdS/ZnO 之间存在电子相互作用。基于上述 PL 研究，可以推测，由于 CdS/ZnO 中 Cr^{3+} 具有选择性捕获电子的能力，因而显示出较低的电荷复合率，这将增加空穴的可用性。此外，图

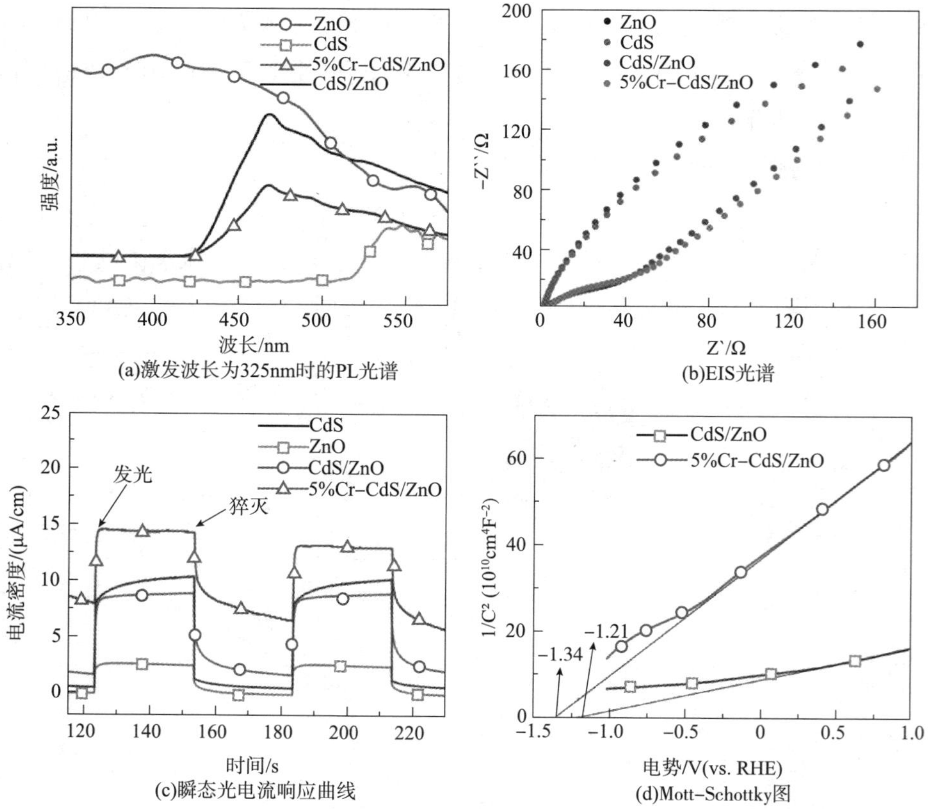

图 4－10　ZnO、CdS、CdS/ZnO 和 5% Cr－CdS/ZnO 的电化学分析

4－10(b)所示的 EIS 进一步反映了光生电子－空穴对的分离效率。可以容易地发现，5% Cr－CdS/ZnO 的曲线半径比 CdS/ZnO 的曲线的小得多，这意味着 5% Cr－CdS/ZnO 复合材料的分离效率更显著。一般来说，较高的光电流强度往往会导致更好的光催化活性。因此，瞬时光电流测量也被用于评估光催化反应中光生电荷的分离效率。每种光催化剂的光电流－时间曲线如图 4－10(c)所示。显然，在相同条件下，5% Cr－CdS/ZnO 表现出明显高于 CdS/ZnO 的光电流密度，这证明了在掺杂 Cr 后，e^-－h^+复合被抑制。这些结果与 PL[图 4－10(a)]和 EIS 测量[图 4－10(b)]结果一致。Mott－Schottky 曲线提供了有关光催化剂电子带结构的详细信息。如图 4－10(d)所示，两条曲线(CdS/ZnO 和 5% Cr－CdS/ZnO)上显示出正斜率，表明两者皆为 n 型半导体。CdS/ZnO 和 5% Cr－CdS/ZnO 的平带电位分别为－1.21eV 和－1.34eV(vs. RHE)，表明 5% Cr－CdS/ZnO 对光生电荷具有更高的分离效率。

4.4.1.7 HRTEM

CdS/ZnO 的 HRTEM 图像显示，单个 CdS 纳米棒和梭状 ZnO 彼此紧密接触[图 4－11(a)]。在分辨良好的晶格条纹中可以见到 0.19nm 和 0.24nm 的 d 值，这归因于 CdS 的(102)面和 ZnO 的(102)面之间的晶格条纹间距。因此，可以得到 CdS/ZnO 具有由晶体 CdS 和 ZnO 组成的异质结构。图 4－11(b)显示了 5% Cr－CdS/ZnO 的结构，其中 Cr 沉积所形成的表面缺陷粒度为 7～15nm、0.32nm 和 0.29nm，其 d 值分别对应于 ZnO 与 CdS 的(110)和(201)晶格平面。在 SEM 中也可以观察到较大尺寸的纳米颗粒[图 4－7(d)]。该结果与 XRD 结果一致(图 4－5)。5% Cr－CdS/ZnO 的 HRTEM 图像[图 4－11(b)]显示，颗粒彼此紧密连接，这使其具有相互的电连性，从而导致光生电荷向光催化剂表面的转移增加，苯在光催化剂表面发生氧化。XPS 结果也证明了 Cr^{3+}的存在(图 4－12)。为了揭示 Cr 在 CdS/ZnO 基质中的均匀分布，使用 5% Cr－CdS/ZnO 进行了 HRTEM－EDX测试[图 4－11(c)～(h)]。所有元素都能被清楚地检测到，发现 Cr^{3+}离子在整个样品中高度分散。通过上述观察，可以得出结论，Cr 分布在 CdS/ZnO 基质的表面和孔隙中。5% Cr－CdS/ZnO 的这一特性对于光生载流子的分离和加速其从光催化剂本体向表面的迁移是必不可少的。应当注意，Cr^{3+}可以作为电子捕获中心，不仅促进空穴的利用，而且减少电荷载流子的复合。

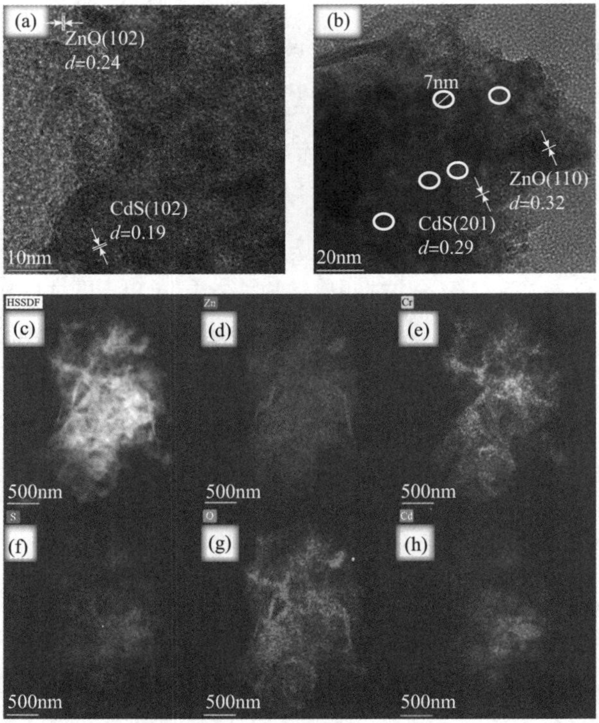

图 4-11　CdS/ZnO 的 HRTEM 图像(a)、5% Cr-CdS/ZnO 的 HRTEM 图像(b)以及 5% Cr-CdS/ZnO 光催化剂的元素映射图像(c)~(h)

4.4.1.8　XPS

为了研究 5% Cr-CdS/ZnO 的化学成分和电子状态，进行了 XPS 测量。图 4-12(a)显示，C、Cr、Cd、S、Zn 和 O 共存于催化剂表面(5% Cr-CdS/ZnO)，其原子分数分别为 2.65%、2.56%、5.07%、14.15%、14.18% 和 62.88%，证实高纯度样品已成功合成。图 4-12(b)显示了 Cd 的轨道区域，可以得出 Cd3d 的 XPS 数据属于 $3d_{5/2}$ 自旋和 $3d_{3/2}$ 自旋，结合能分别为 405.5eV 和 412.6eV，分裂能(7.1eV)被认为是 CdS 中 Cd^{2+} 的特征值，结合能为 404.5eV 的峰对应于 CdO 物种。图 4-12(c)显示了 Cr 的轨道区域，从中可以得到 586.7eV 和 577.2eV 的结合能分别对应于 $Cr2p_{1/2}$ 和 $Cr2p_{3/2}$。9.5eV 的分裂能表明样品中存在 Cr^{3+}。O1s 光谱[图 4-12(d)]可以卷积成三个主峰，包括 O_{latt}(晶格氧)、O_{hyd}(羟基氧)和 O_{ads}(吸附氧)，它们对应于三个不同的氧部分，结合能分别为 531.8eV、531.2eV 和 532.4eV。如图 4-12(e)所示，S2p 的结合能峰位于 161.7eV，表明 S 主要以 S^{2-} 的形式存在，单质 S 对应于 162.9eV 的结合能。$Zn2p_{3/2}$ 和 $Zn2p_{1/2}$ 自旋轨道分别对应于 1045.7eV 和 1023.7eV 的结合能[图 4－12(f)]，其自旋轨道分裂能为 22eV，表明 Zn 主要存在于 +2 价态。这些结果与 XRD 结果一致(图 4－5)。

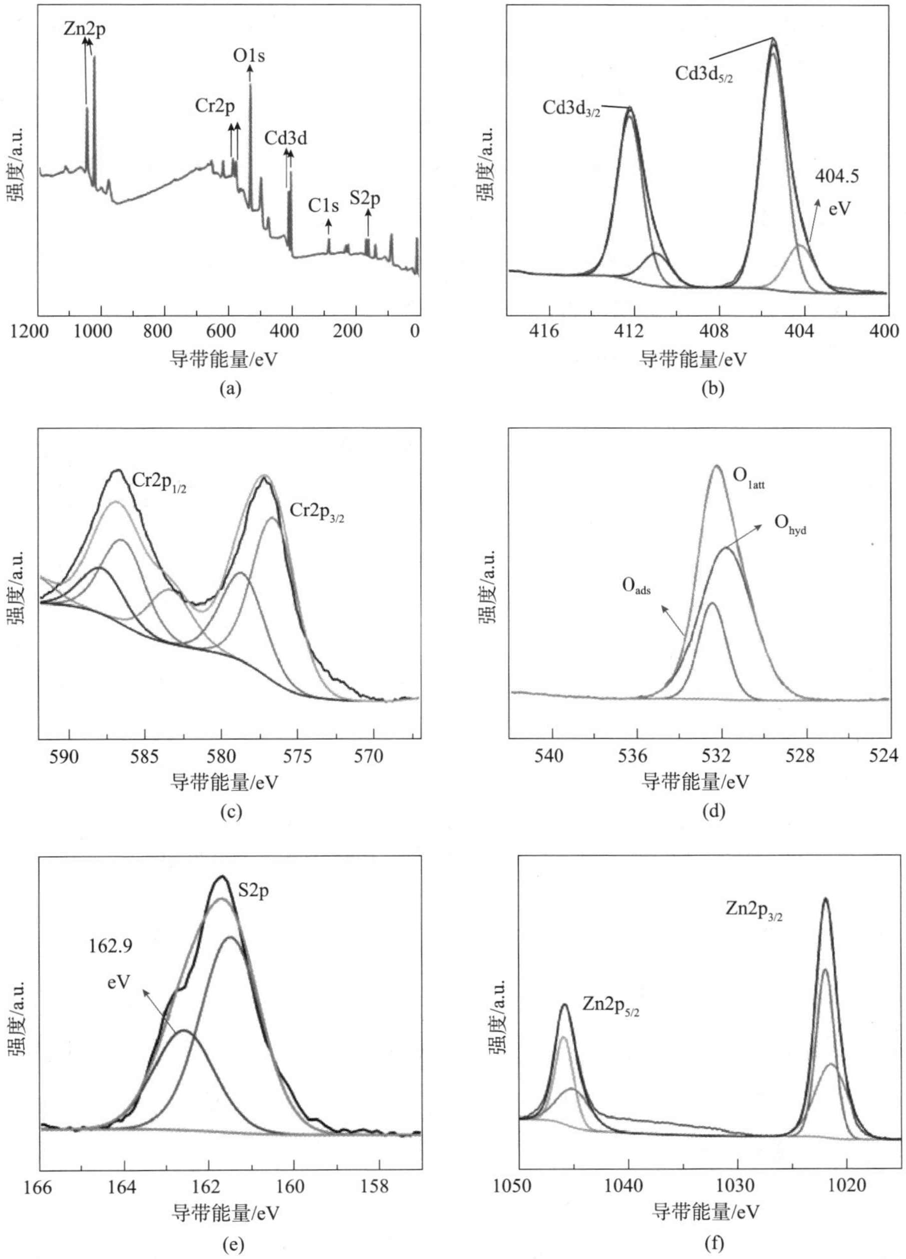

图 4－12　结合能范围为 0～1200eV 的 5% Cr－CdS/ZnO XPS 光谱(a)、Cd3d(b)、Cr2p(c)、O1s(d)、S2p(e)和 Zn2p(f)的高分辨率光谱

4.4.1.9 态密度示意图

为了深入了解带隙减少和苯氧化的原因，记录了 CdS/ZnO 和 5% Cr－CdS/ZnO 的价带 XPS 光谱。通过分析 UV－Vis DRS[图 4－9(a)和(b)]和价带 XPS 结果[图 4－13(a)]获得了态密度(DOS)[图 4－13(b)和(c)]。CdS/ZnO 和 5% Cr－CdS/ZnO 的价带最大能量分别为 0.82eV 和 0.72eV，光学带隙能量分别为 2.69eV 和 2.57eV。因此，CdS/ZnO 和 5% Cr－CdS/ZnO 的导带最小值的能量分别计算为约－1.87eV 和－1.85eV。根据上述结果，5% Cr－CdS/ZnO 的吸收起点位于 0.72eV，与带尾相关的最大能量为 0.5eV。5% Cr－CdS/ZnO 的带隙的显著变窄是由轻微的 VB 拖尾导致的。结合实验结果和测量的光学带隙，可以发现 Cr 的掺杂降低了 CdS/ZnO 的带隙。

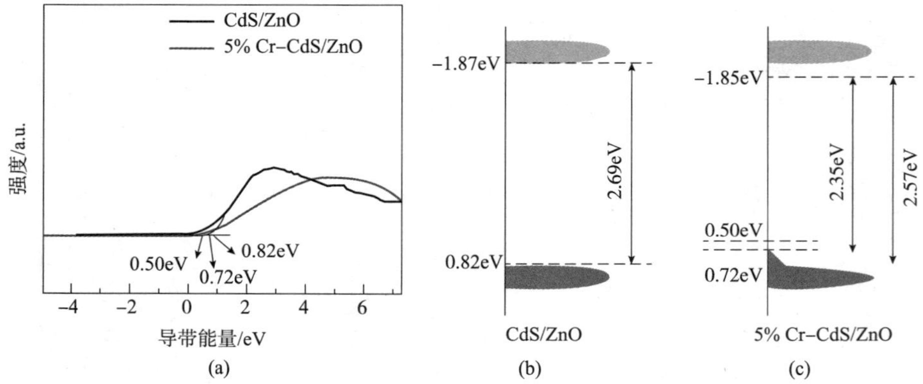

图 4－13 CdS/ZnO 和 5% Cr－CdS/ZnO 的价带 XPS 光谱(a)与 CdS/ZnO(b)和 5% Cr－CdS/ZnO(c)状态密度示意图

4.4.1.10 EPR

在 EPR 测试中使用 DMPO 分子作为捕获剂来鉴定由 H_2O_2 分解生成·OH 自由基。如图 4－14 所示，在黑暗条件下可观察到微弱的 DMPO－·OH 加合物信号，表明 5% Cr－CdS/ZnO 在 H_2O_2 的活化中起积极作用，可生成少量·OH 自由基驱动苯羟基化反应。在可见光照射下，观察到明显的 DMPO－·OH 加合物信号，表明光催化剂 5% Cr－CdS/ZnO 活化 H_2O_2 生成·OH 自由基的速率加快，并且这些信号有明显的增强，表明 5% Cr－CdS/ZnO 活化 H_2O_2 具有优异的催化性能。此外，添加硫脲作为·OH 自由基清除剂极大地抑制了苯羟基化反应，检测到少量苯酚。这证实了苯在 5% Cr－CdS/ZnO 上的羟基化反应确实遵循了·OH

自由基介导的氧化途径。

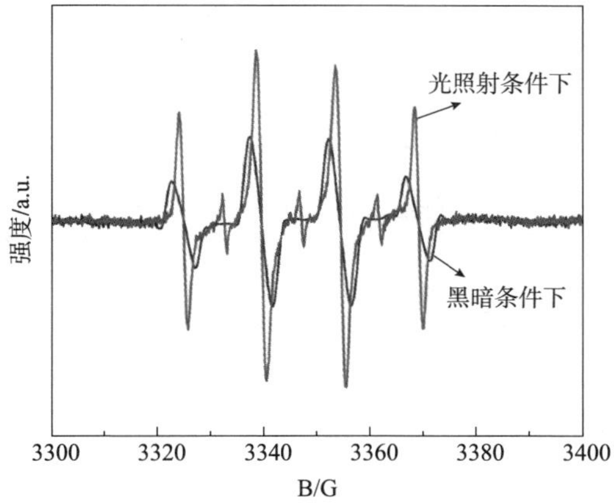

图4－14　在333K时，当5% Cr－CdS/ZnO和H_2O_2存在时，·OH的DMPO自旋捕获EPR谱

4.4.2　优化光催化性能

在催化剂用量、溶剂和苯与H_2O_2体积比等不同反应条件下，在一系列催化剂上探索了的光苯催化羟基化制苯酚反应。

1. 不同催化剂对苯羟基化反应的研究

表4－4列出了在H_2O_2存在下光催化苯羟基化制苯酚的结果。由表4－4可以看出，CdS或ZnO表现出较低的苯羟基化活性。与CdS和ZnO相比，CdS/ZnO表现出最好的性能，苯转化率和苯酚收率均为1.5%，约为ZnO的3.7倍。CdS/ZnO在可见光下获得的苯酚产率（1.5%）与紫外光照射下相似。因此，后续研究在可见光下进行的。

表4－4　不同催化剂对苯羟基化反应的影响[①]　%

编号	光催化剂	苯转化率	苯酚	
			选择性	收率
1[②]	CdS	0.6	69	0.4
2[②]	ZnO	0.5	81	0.4
3[②]	CdS/ZnO	1.5	98	1.5
4	CdS/ZnO	1.5	98	1.5
5	Co－CdS/ZnO（Co：10%）	0.08	75	0.06

续表

编号	光催化剂	苯转化率	苯酚	
			选择性	收率
6	Fe－CdS/ZnO（Fe：10%）	0.06	71	0.04
7	Mn－CdS/ZnO（Mn：10%）	0.08	65	0.05
8	Ni－CdS/ZnO（Ni：10%）	0.2	60	0.1
9	Cu－CdS/ZnO（Cu：10%）	0.2	68	0.1
10	Cr－CdS/ZnO（Cr：10%）	2.6	98	2.5
11	Cr－CdS/ZnO（Cr：2%）	1.8	94	1.7
12	Cr－CdS/ZnO（Cr：5%）	2.9	98	2.8
13	Cr－CdS/ZnO（Cr：15%）	2.7	91	2.4
14	Cr－ZnO（Cr：5%）	0.5	86	0.4
15	Cr－CdS（Cr：5%）	1.6	88	1.4
16	No Catalyst	/	/	0.1
17③	Cr－CdS/ZnO（Cr：5%）	0.4	79	0.3
18③	CdS/ZnO	0.2	71	0.1

注：① 反应条件：50mg 5% Cr－CdS/ZnO 光催化剂、1.0mL 苯、溶剂为 8mL CH_3CN、0.5mL H_2O_2（质量浓度 30%）作为氧化剂、500W 氙灯（$\lambda > 420$nm）作为光源，在 60℃下反应 4h。

② 500W 汞灯（$\lambda < 420$nm）作为光源，其他反应条件同①。

③ 光源条件为黑暗下，其他反应条件同①。

研究了掺杂在 CdS/ZnO 上的不同过渡金属对苯羟基化反应的催化性能。在这六种过渡金属（包括 Co、Fe、Mn、Ni、Cu 和 Cr）分别掺杂于 CdS/ZnO 中，Cr－CdS/ZnO 表现出最佳的催化性能，苯转化率和苯酚产率分别达到 2.6% 和 2.5%。这可能是由于 Cr^{3+} 的掺杂导致在 CdS/ZnO 的 CB 中形成新的 Cr^{3+} 2d 能级，从而提高了 $e^- - h^+$ 分离效率和可见光吸收能力。

在后续实验中，在 CdS/ZnO 上掺杂不同质量的 Cr 以形成 Cr－CdS/ZnO，其催化活性随着 Cr 含量从 2% 增加到 5% 而提高，表明掺杂的 Cr 物种充当活性中心。然而，Cr 的过量掺杂（10% 和 15%）会在 CdS/ZnO 的通道内积累，从而阻碍催化活性的提高。因此，5% Cr－CdS/ZnO 在可见光下表现出最佳的催化性能，苯转化率和苯酚产率分别为 2.9% 和 2.8%。还研究了 Cr 掺杂在 CdS 和 ZnO 上，其催化性能远低于 5% Cr－CdS/ZnO。此外，当反应在不存在任何催化剂的情况下进行时，苯被 H_2O_2 直接氧化，仅生成少许苯酚。

最后，在黑暗条件下进行了进一步的反应，以探索光对苯直接氧化为苯酚的影响。在黑暗条件下，CdS/ZnO 和 5% Cr－CdS/ZnO 的苯酚产率分别为 0.1% 和 0.3%，远低于可见光下的苯酚产率。由此推测，可见光照射促进了 H_2O_2 的分解，进而生成大量 ·OH 自由基，然后攻击苯以产生苯酚。因此，光对苯羟基化反应的重要性得到了证实。

2. 催化剂用量对苯羟基化反应的影响

图 4－15 显示了 5% Cr－CdS/ZnO 不同加入量对苯羟基化反应的影响。随着 5% Cr－CdS/ZnO 的用量从 20mg 增加到 50mg，苯酚的收率从 2.0% 增加到 2.8%。然而，当催化剂用量范围为 50～70mg 时，苯酚的选择性从 98% 降低到 94%，产率从 2.8% 降低到 2.3%。最终 50mg 被确定为最佳催化剂剂量，并用于后续研究。

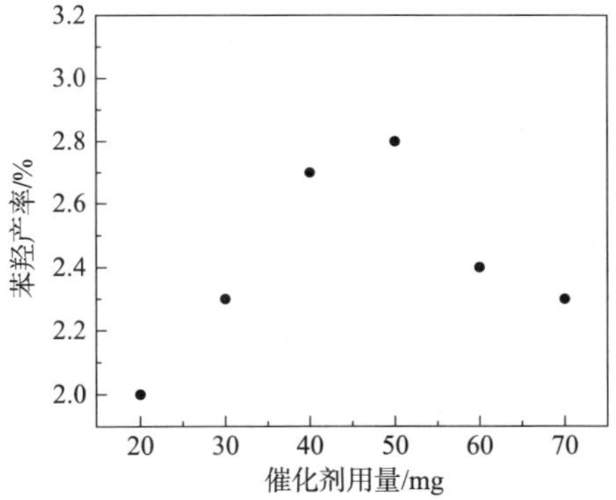

图 4－15 催化剂用量对苯羟基化反应的影响

3. 溶剂对苯羟基化反应的影响

如表 4－5 所示，在每种单一溶剂(包括乙酸、乙腈、甲醇、乙酸乙酯和水)下，所得到苯酚收率较低。与单一溶剂体系相比，乙腈和水的混合溶剂具有更高的苯酚收率，表明水和乙腈之间存在协同作用，其中乙腈不仅可以提高光催化剂对苯的吸附能力，还可以从水中及时萃取出生成的苯酚以防止被过度氧化。苯酚的最大收率(6%)是在乙腈与水体积比为 5：15 时达到的。然而，随着乙腈与水体积比从 5：15 进一步降低到 5：30，苯酚收率从 6% 逐渐下降到 2%，可能是因为过量的水致使乙腈无法及时地萃取出苯酚，进而导致苯酚在水中过度氧化。因此，乙腈与水体积比为 5：15 是光催化苯羟基化制备苯酚反应的合理选择。

表 4-5　不同溶剂对苯羟基化反应的影响　　%

编号	溶剂	苯转化率	苯酚	
			选择性	收率
1	CH_3CN	2.8	98	2.7
2	CH_3COOH	0.3	71	0.2
3	CH_3OH	1.0	77	0.8
4	$CH_3COOCH_2CH_3$	0.1	70	0.1
5	H_2O	1.6	85	1.4
6	$V_{CH_3CN}:V_{H_2O}=5:1$	3.5	96	3.4
7	$V_{CH_3CN}:V_{H_2O}=5:3$	3.6	97	3.5
8	$V_{CH_3CN}:V_{H_2O}=5:5$	4.7	97	4.6
9	$V_{CH_3CN}:V_{H_2O}=5:7$	4.8	98	4.7
10	$V_{CH_3CN}:V_{H_2O}=5:10$	5.7	97	5.5
11	$V_{CH_3CN}:V_{H_2O}=5:15$	6.1	98	6.0
12	$V_{CH_3CN}:V_{H_2O}=5:20$	5.7	98	5.6
13	$V_{CH_3CN}:V_{H_2O}=5:25$	4.1	97	4.0
14	$V_{CH_3CN}:V_{H_2O}=5:30$	2.1	96	2.0

注：反应条件：50mg 5% Cr－CdS/ZnO 光催化剂、1.0mL 苯、溶剂为 8mL CH_3CN、0.5mL H_2O_2（质量浓度 30%）作为氧化剂、500W 氙灯（λ > 420nm）作为光源，在 60℃下反应 4h。

4. 苯与 H_2O_2 的体积比对苯羟基化反应的影响

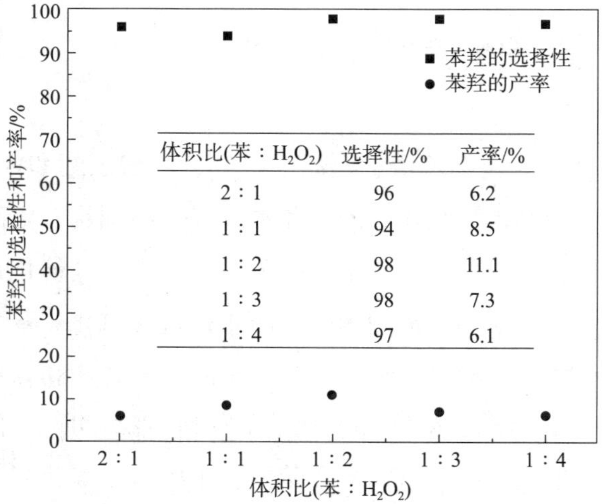

图 4-16　苯与 H_2O_2 体积比对苯羟基化反应的影响

研究了苯与 H_2O_2 的体积比对于苯转化率和苯酚产率的影响，以获得反应中所需的最佳 H_2O_2 用量。如图 4-16 所示，随着苯与 H_2O_2 的体积比从 2：1 降至 1：2，可以观察到苯酚产率从 6.2% 明显增加至 11.1%。由于 H_2O_2 不可避免地分解成水和氧气，因此，需要相对较多的 H_2O_2 以实现较高的苯转化率。然而，当进

一步增加 H_2O_2的体积时，苯酚产率开始逐渐下降，这可能是由于过量 H_2O_2过度氧化苯酚所致。

4.4.3 反应机理

提出了光催化苯羟基化制苯酚的可能机理，如图 4－17 所示。CdS 负载在 ZnO 上形成Ⅱ型异质结，提高了 e^-－h^+分离效率，拓宽了光吸收范围。对于 5% Cr－CdS/ZnO 光催化剂，在可见光照射下会产生 e^-－h^+载流子。光生电子从 VB 激发到由 Cr^{3+}掺杂产生的新电子捕获能级，这得到了光学研究结果的支持。从苯生产苯酚被认为是通过两种反应途径(路径Ⅰ和路径Ⅱ)实现的。在路径Ⅰ中，H_2O_2由于新形成的能级中被捕获的电子攻击并分解形成·OH 自由基。根据苯氧化实验和 EPR 测量结果，可以证实大量·OH 自由基在光催化反应中生成。这些形成的·OH 自由基随后与苯环反应生成羟基环己二烯自由基，然后被 VB 中的空穴氧化形成苯酚，通过此过程，循环反应将重新启动。

在路径Ⅱ中，5% Cr－CdS/ZnO 的 VB 中形成的空穴可以与苯反应生成苯自由基离子，然后与·OH 自由基反应生成苯酚。5% Cr－CdS/ZnO 的荧光发射强度弱于 CdS/ZnO，这证实了激发态电子被 5% Cr－CdS/ZnO 中的电子捕获能级捕获，从而有利于电荷载流子的分离。因此，对于苯羟基化反应，5% Cr－CdS/ZnO 的 VB 中空穴的可用性大大增加。此外，DOS 结果表明，Cr 的引入减少了带隙宽度，提高了光催化剂的可见光吸收能力。从以上提出的机理可以得出结论，Cr 作为捕集中心在苯羟基化制苯酚中起到了关键作用。

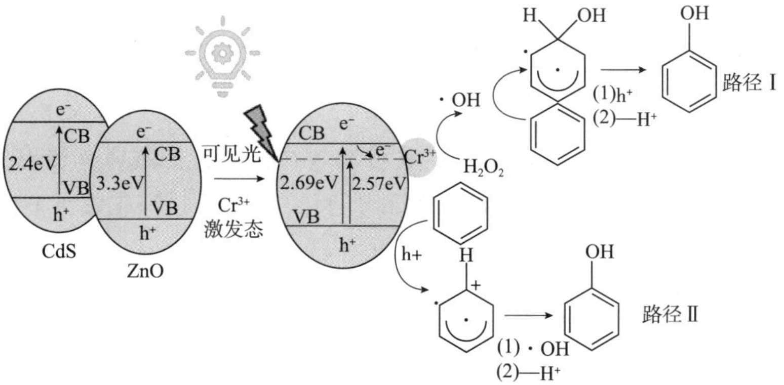

图 4－17 光催化苯羟基化制备苯酚的拟议机制

4.4.4 催化循环性能研究

除了催化活性外，可重复使用性和稳定性也是评价多相催化剂的重要因素。因此，如图 4－18 所示，用 5% Cr－CdS/ZnO 进行了四次苯氧化的再循环实验。由于其非均相特性，5% Cr－CdS/ZnO 催化剂可以在每次离心后容易地从反应混合物中分离出来，回收的 5% Cr－CdS/ZnO 催化剂在洗涤和干燥后再直接用于下一次测试。四次运行后，苯转化率仅略有下降。在第四次运行中，苯酚选择性和苯酚产率分别为 96% 和 9.5%，与第一次运行的（98% 和 11.1%）相比仅略低。由于在四次催化运行中未观察到 5% Cr－CdS/ZnO 催化剂活性的显著变化，可以得知 5% Cr－CdS/ZnO 的催化活性在可回收性实验中保持稳定。

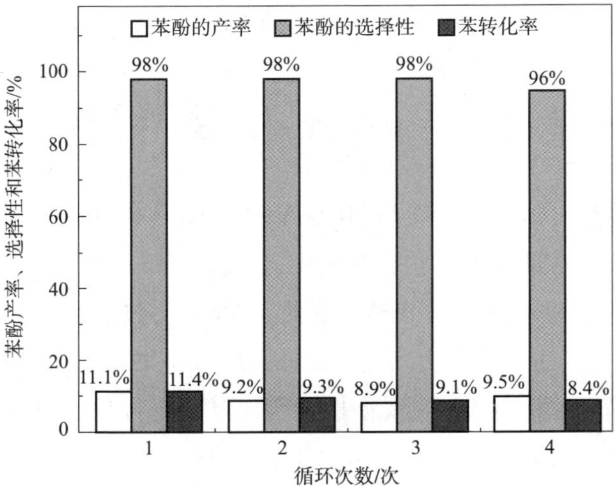

图 4－18　5% Cr－CdS/ZnO 催化剂的可重复使用性

反应条件：催化剂（50mg）、苯（1.0mL）、CH_3CN 和水（8mL，体积比为 1∶3）、H_2O_2（质量分数为 30%，2.0mL）、t = 4h、T = 333K

综上所述，合成的 Cr－CdS/ZnO 复合材料在可见光照射下对苯羟基化反应表现出较强的光催化性能。苯酚收率提高至 11.1% 主要归因于以下条件：首先，CdS/ZnO 异质结的构建使得 CdS 捕获的光子和从 CdS 迁移到 ZnO 的电子能够形成电子和空穴。其次，Cr 的引入有利于 Cr－CdS/ZnO 复合材料带隙中捕获能级的产生，从而增强可见光吸收能力。再次，引入的 Cr 还可以充当电子捕获中心，从而最大限度地减少光生电荷载流子的快速复合。本研究系统探讨了催化剂用量、溶剂和苯与 H_2O_2 体积比等不同反应条件的影响。提出了 Cr－CdS/ZnO 复合材料光催化活性增强的合理机理。本工作可为光催化性能优异的半导体基纳米复合材料的设计与制备提供新的参考，在CO_2还原、制氢和各种有机转化反应等领域也将具有广泛的应用前景。

参考文献

[1] Niwa S, Eswaramoorthy M, Nair J, et al. A one - step conversion of benzene to phenol with a palladium membrane[J]. Science, 2002, 295(5552): 105 - 107.

[2] Zhang T, Zhang D, Han X, et al. Preassembly strategy to fabricate porous hollow carbonitride spheres inlaid with single Cu - N_3 sites for selective oxidation of benzene to phenol [J]. Journal of the American Chemical Society, 2018, 140(49): 16936 - 16940.

[3] Shoji O, Kunimatsu T, Kawakami N, et al. Highly selective hydroxylation of benzene to phenol by wild - type cytochrome P450BM3 assisted by decoy molecules [J]. Angew. Chem. Int. Ed. (Angewandte Chemie International Edition), 2013, 52(26): 6606 - 6610.

[4] Schmidt R J. Industrial catalytic processes—phenol production[J]. Applied Catalysis A: General, 2005, 280(1): 89 - 103.

[5] Zhuo Y, Zhong Y, Xu Y, et al. Evaluation of transfer resistances in the reactive distillation process for phenol production[J]. Industrial & Engineering Chemistry Research, 2016, 55(1): 257 - 266.

[6] Morimoto Y, Bunno S, Fujieda N, et al. Direct hydroxylation of benzene to phenol using hydrogen peroxide catalyzed by nickel complexes supported by pyridylalkylamine ligands [J]. Journal of the American Chemical Society, 2015, 137(18): 5867 - 5870.

[7] Han W, Xiang W, Shi J, et al. Recent advances in the heterogeneous photocatalytic hydroxylation of benzene to phenol[J]. Molecules, 2022, 27(17): 5457.

[8] Wei D, Huang L, Liang H, et al. Photocatalytic hydroxylation of benzene to phenol over organosilane - functionalized $FeVO_4$ nanorods [J]. Catalysis Science & Technology, 2021, 11(17): 5931 - 5937.

[9] Basyach P, Guha A K, Borthakur S, et al. Efficient hydroxylation of benzene to phenol by H_2O_2 using Ni - doped $CuWO_4$ on carbon nitride as a catalyst under solar irradiation and its structure - activity correlation[J]. Journal of Materials Chemistry A, 2020, 8(25): 12774 - 12789.

[10] Wang D, Wang M, Li Z, et al. Fe - based metal - organic frameworks for highly selective photocatalytic benzene hydroxylation to phenol[J]. Acs Catalysis, 2015, 5: 6852 - 6857.

[11] Chen X, Zhang J, Fu X, et al. Fe - g - C_3N_4 - catalyzed oxidation of benzene to phenol using

hydrogen peroxide and visible light[J]. Journal of the American Chemical Society, 2009, 131(33): 11658 – 11659.

[12] Wang Z, Hojo H, Einaga H, et al. One – step oxidation of benzene to phenol with $H_3PW_{12}O_{40}$ under photoirradiation: Effect of operating conditions[J]. Chemical Engineering Journal, 2022, 427: 131369.

[13] Lang X, Zhao J, Chen X, et al. Cooperative photoredox catalysis [J]. Chemical Society Reviews, 2016, 45(11): 3026 – 3038.

[14] Yang B, Zhang S, Gao Y, et al. Unique functionalities of carbon shells coating on $ZnFe_2O_4$ for enhanced photocatalytic hydroxylation of benzene to phenol[J]. Applied Catalysis B: Environment and Energy, 2022, 304: 120999.

[15] Tanarungsun G, Kiatkittipong W, Assabumrungrat S, et al. Multi transition metal catalysts supported on TiO_2 for hydroxylation of benzene to phenol with hydrogen peroxide [J]. Journal of Industrial and Engineering Chemistry, 2007, 13(5): 870 – 877.

[16] Dasireddy V D B C, Likozar B, Selective photocatalytic oxidation of benzene to phenol using carbon nanotube (CNT) – supported Cu and TiO_2 heterogeneous catalysts[J]. Journal of the Taiwan Institute of Chemical Engineers, 2018, 82: 331 – 341.

[17] Shimizu K, Akahane H, Kodama T, et al. Selective photo – oxidation of benzene over transition metal – exchanged BEA zeolite[J]. Applied Catalysis A – general, 2004, 269(1 – 2): 75 – 80.

[18] Devaraji P, Sathu N K, Gopinath C S, et al. Ambient oxidation of benzene to phenol by photocatalysis on $Au/Ti_{0.98}V_{0.02}O_2$: role of holes[J]. ACS Catalysis, 2014, 4(9): 2844 – 2853.

[19] Chen P, Chen L, Zeng Y, et al. Three – dimension hierarchical heterostructure of $CdWO_4$ microrods decorated with Bi_2WO_6 nanoplates for high – selectivity photocatalytic benzene hydroxylation to phenol [J]. Applied Catalysis B: Environment and Energy, 2018, 234: 311 – 317.

[20] Ma X, Dang R, Liu Z, et al. Facile synthesis of heterogeneous recyclable $Pd/CeO_2/TiO_2$ nanostructured catalyst for the one pot hydroxylation of benzene to phenol[J]. Chemical Engineering Science, 2020, 211: 115274.

[21] Devaraji P, Jo W K, Noble metal free Fe and Cr dual – doped nanocrystalline titania ($Ti_{1-x-y}M_{x+y}O_2$) for high selective photocatalytic conversion of benzene to phenol at ambient temperature [J]. Applied Catalysis A – general, 2018, 565: 1 – 12.

[22] Devi M, Das B, Barbhuiya M H, et al. Fabrication of nanostructured NiO/WO_3 with graphitic carbon nitride for visible light driven photocatalytic hydroxylation of benzene and metronidazole degradation[J]. New Journal of Chemistry, 2019, 43(36): 14616 – 14624.

[23] Sathu N K, Devaraji P, Gopinath C S, Green leaf to inorganic leaf: a case study of ZnO [J]. Journal of Nanoscience and Nanotechnology, 2016, 16(9): 9203-9208.

[24] Zhao J, Liu B, Meng L, et al. Plasmonic control of solar-driven CO_2 conversion at the metal/ZnO interfaces[J]. Applied Catalysis B: Environment and Energy, 2019, 256: 117823.

[25] Saito N, Haneda H, Sekiguchi T, et al. Low-temperature fabrication of light-emitting zinc oxide micropatterns using self-assembled monolayers[J]. Advanced Materials, 2002, 14(6): 418-421.

[26] Sakthivel S, Geissen S U, Bahnemann D W, et al. Enhancement of photocatalytic activity by semiconductor heterojunctions: α-Fe_2O_3, WO_3 and CdS deposited on ZnO [J]. Journal of Photochemistry and Photobiology A: Chemistry, 2002, 148(1-3): 283-293.

[27] Meng L, Chen Z, Ma Z, et al. Gold plasmon-induced photocatalytic dehydrogenative coupling of methane to ethane on polar oxide surfaces[J]. Energy & Environmental Science, 2018, 11(2): 294-298.

[28] Liu X, Zhang J, Wang L, et al. 3D hierarchically porous ZnO structures and their functionalization by Au nanoparticles for gas sensors[J]. Journal of Materials Chemistry, 2011, 21(2): 349-356.

[29] Barpuzary D, Khan Z, Vinothkumar N, et al. Hierarchically grown urchinlike CdS@ ZnO and CdS@ Al_2O_3 heteroarrays for efficient visible-light-driven photocatalytic hydrogen generation [J]. Journal of Physical Chemistry C, 2012, 116(1): 150-156.

[30] Low J, Yu J, Jaroniec M, et al. Heterojunction photocatalysts[J]. Advanced Materials, 2017, 29(20): 1601694.

[31] Zhang L, Zhang L, Chen Y, et al. CdS/ZnO: a multipronged approach for efficient reduction of carbon dioxide under visible light irradiation [J]. Acs Sustainable Chemistry & Engineering, 2020, 8(13): 5270-5277.

[32] Jana T K, Pal A, Chatterjee K, et al. Self assembled flower like CdS-ZnO nanocomposite and its photo catalytic activity[J]. Journal Of Alloys And Compounds, 2014, 583: 510-515.

[33] Zhao Y, Li L, Zuo Y, et al. Reduced graphene oxide supported ZnO/CdS heterojunction enhances photocatalytic removal efficiency of hexavalent chromium from aqueous solution [J]. Chemosphere, 2022, 286: 131738.

[34] Sun G, Xiao B, Zheng H, et al. Ascorbic acid functionalized CdS-ZnO core-shell nanorods with hydrogen spillover for greatly enhanced photocatalytic H_2 evolution and outstanding photostability[J]. Journal of Materials Chemistry A, 2021, 9(15): 9735-9744.

[35] Zhou H, Qu Y, Zeid T, et al. Towards highly efficient photocatalysts using semiconductor nano-

architectures[J]. Energy & Environmental Science, 2012, 5(5): 6732 – 6743.

[36] Dhiman P, Chand J, Kumar A, et al. Synthesis and characterization of novel Fe@ ZnO nanosystem[J]. Journal of Alloys and Compounds, 2013, 578: 235 – 241.

[37] Vaiano V, Iervolino G, Rizzo L, et al. Cu – doped ZnO as efficient photocatalyst for the oxidation of arsenite to arsenate under visible light[J]. Applied Catalysis B: Environment and Energy, 2018, 238: 471 – 479.

[38] Saleh R, Djaja N F, Transition – metal – doped ZnO nanoparticles: synthesis, characterization and photocatalytic activity under UV light[J]. Spectrochimica Acta Part A: Molecular and Biomolecular Spectroscopy, 2014, 130: 581 – 590.

[39] Ba – Abbad M M, Kadhum A A H, Mohamad A B, et al. Visible light photocatalytic activity of Fe^{3+} – doped ZnO nanoparticle prepared via sol – gel technique[J]. Chemosphere, 2013, 91(11): 1604 – 1611.

[40] Barick K C, Singh S, Aslam M, et al. Porosity and photocatalytic studies of transition metal doped ZnO nanoclusters[J]. Microporous and Mesoporous Materials, 2010, 134(1 – 3): 195 – 202.

[41] Nie X, Ren X, Tu C, et al. Computational and experimental identification of strong synergy of the Fe/ZnO catalyst in promoting acetic acid synthesis from CH_4 and CO_2[J]. Chemical Communications, 2020, 56(28): 3983 – 3986.

[42] Meng A, Xing J, Li Z, et al. Cr – doped ZnO nanoparticles: synthesis, characterization, adsorption property, and recyclability[J]. ACS Applied Materials & Interfaces, 2015, 7(49): 27449 – 27457.

[43] Li L, Wang W, Liu H, et al. First principles calculations of electronic band structure and optical properties of Cr – doped ZnO[J]. Journal of Physical Chemistry C, 2009, 113(19): 8460 – 8464.

[44] Wu C, Shen L, Zhang Y C, et al. Solvothermal synthesis of Cr – doped ZnO nanowires with visible light – driven photocatalytic activity[J]. Materials Letters, 2011, 65(12): 1794 – 1796.

[45] Shkir M, Khan Z R, Chandekar K V, et al. A facile microwave synthesis of Cr – doped CdS QDs and investigation of their physical properties for optoelectronic applications[J]. Applied Nanoscience, 2020, 10(10): 3973 – 3985.

[46] Hashem E M, Hamza M A, El – Shazly A N, et al. Novel Z – Scheme/Type – Ⅱ CdS@ ZnO/g – C_3N_4 ternary nanocomposites for the durable photodegradation of organics: kinetic and mechanistic insights[J]. Chemosphere, 2021, 277: 128730.

[47] Sinha P, Datar A, Jeong C, et al. Surface area determination of porous materials using the

Brunauer – Emmett – Teller (BET) method: limitations and improvements[J]. Journal of Physical Chemistry C, 2019, 123(33): 20195 –20209.

[48] Bardestani R, Patience G S, Kaliaguine S, et al. Experimental methods in chemical engineering: specific surface area and pore size distribution measurements—BET, BJH, and DFT [J]. The Canadian Journal of Chemical Engineering, 2019, 97(11): 2781 –2791.

[49] Ansari S A, Cho M H, et al. Highly visible light responsive, narrow band gap TiO_2 nanoparticles modified by elemental red phosphorus for photocatalysis and photoelectrochemical applications [J]. Scientific Reports, 2016, 6(1): 1 –10.